课工场
kgc.cn
互联网 UI 设计师

每时每课 给你新机会

北京课工场教育科技有限公司 编著

U0385426

HTML5+CSS3 前端技术

——UI 设计师与开发人员合作秘籍

中国水利水电出版社
www.waterpub.com.cn

内 容 提 要

作为UI/UE设计师，经常和Web前端开发人员"吵架"：开发人员抱怨UI设计师设计得过于复杂无法实现，UI设计师则吐槽开发人员最终开发出来的产品和最初设计效果相差甚远。UI设计师和开发人员究竟如何合作和沟通？本书借鉴一位资深Web前端开发人员的经验总结，详细介绍了双方合作必备的两方面技术和实用技巧。

相对市面上的同类教材，本套教材最大的特色是，提供各种配套的学习资源和支持服务，包括：视频教程、案例素材下载、学习交流社区、作业提交批改系统、QQ群讨论组等，请访问课工场UI/UE学院：kgc.cn/uiue。

图书在版编目（C I P）数据

HTML5+CSS3前端技术：UI设计师与开发人员合作秘
籍 / 北京课工场教育科技有限公司编著. -- 北京：中
国水利水电出版社，2016.4（2021.7重印）
　　（互联网UI设计师）
　　ISBN 978-7-5170-4224-2

　　Ⅰ. ①H… Ⅱ. ①北… Ⅲ. ①超文本标记语言－程序
设计②网页制作工具 Ⅳ. ①TP312②TP393.092

中国版本图书馆CIP数据核字(2016)第069383号

策划编辑：祝智敏　责任编辑：李 炎　加工编辑：封 裕　封面设计：梁 燕

书　名	互联网UI设计师 HTML5+CSS3前端技术——UI设计师与开发人员合作秘籍
作　者	北京课工场教育科技有限公司　编著
出版发行	中国水利水电出版社 （北京市海淀区玉渊潭南路 1 号 D 座　100038） 网　址：www.waterpub.com.cn E-mail：mchannel@263.net（万水） 　　　　　sales@waterpub.com.cn 电　话：（010）68367658（营销中心）、82562819（万水）
经　售	全国各地新华书店和相关出版物销售网点
排　版	北京万水电子信息有限公司
印　刷	雅迪云印（天津）科技有限公司
规　格	184mm×260mm　16 开本　13 印张　286 千字
版　次	2016 年 4 月第 1 版　2021 年 7 月第 5 次印刷
印　数	12001—14000 册
定　价	52.00 元

前言

随着移动互联技术的飞速发展，"互联网+"时代已经悄然到来，这自然催生了各行业、企业对UI设计人才的大量需求。与传统美工、设计人员相比，新"互联网+"时代对UI设计师提出了更高的要求，传统美工、设计人员已无法胜任。在这样的大环境下，这套"互联网UI设计师"系列教材应运而生，它旨在帮助读者朋友快速成长为符合"互联网+"时代企业需求的优秀UI设计师。

这套教材是由课工场（kgc.cn）的UI/UE教研团队研发的。课工场是北大青鸟集团下属企业北京课工场教育科技有限公司推出的互联网教育平台，专注于互联网企业各岗位人才的培养。平台汇聚了数百位来自知名培训机构、高校的顶级名师和互联网企业的行业专家，面向大学生以及需要"充电"的在职人员，针对与互联网相关的产品、设计、开发、运维、推广和运营等岗位，提供在线的直播和录播课程，并通过遍及全国的几十家线下服务中心提供现场面授以及多种形式的教学服务，且同步研发出版最新的课程教材。

课工场为培养互联网UI设计人才设立了UI/UE设计学院及线下服务中心，提供各种学习资源和支持，包括：

> 现场面授课程

> 在线直播课程

> 录播视频课程

> 案例素材下载

> 学习交流社区

> 作业提交批改系统

> QQ讨论组（技术、就业、生活）

以上所有资源请访问课工场UI/UE学院：kgc.cn/uiue。

■ 本套教材特点

（1）课程高端、实用——拒绝培养传统美工。

➤ 培养符合"互联网+"时代需求的高端UI设计人才，包括移动UI设计师、网页UI设计师、平面UI设计师。

➤ 除UI设计师所必须具备的技能外，本课程还涵盖网络营销推广内容，包括：网络营销基本常识、符合SEO标准的网站设计、Landing Page设计优化、营销型企业网站设计等。

➤ 注重培养产品意识和用户体验意识，包括电商网站设计、店铺设计、用户体验、交互设计等。

➤ 学习W3C相关标准和设计规范，包括HTML5/CSS3、移动端Android/iOS相关设计规范等内容。

（2）真实商业项目驱动——行业知识、专业设计一个也不能少。

➤ 与知名4A公司合作，设计开发项目课程。

➤ 几十个实训项目，涵盖电商、金融、教育、旅游、游戏等行业。

➤ 不仅注重商业项目实训的流程和规范，还传递行业知识和业务需求。

（3）更时尚的二维码学习体验——传统纸质教材学习方式的革命。

➤ 每章提供二维码扫描，可以直接观看相关视频讲解和案例效果。

➤ 课工场UI/UE学院（kgc.cn）开辟教材配套版块，提供素材下载、学习社区等丰富的在线学习资源。

■ 读者对象

（1）初学者：本套教材将帮助你快速进入互联网UI设计行业，从零开始，逐步成长为专业UI设计师。

（2）设计师：本套教材将带你进行全面、系统的互联网UI设计学习，传递最全面、科学的设计理论，提供实用的设计技巧和项目经验，帮助你向互联网方向迅速转型，拓宽设计业务范围。

课工场出品（kgc.cn）

课程设计说明

本课程目标

　　读者学完本书后，能够读懂和理解网页标签及代码，并具备基本的制作网页的能力，通过对HTML5和CSS3代码的学习，理解网页的代码结构及实现要点；通过对SEO的学习，了解网页优化及提升网站排名的原理，为后续课程的学习做好准备。

训练技能

- ➤ 熟悉网站开发流程及前端开发人员的关注点。
- ➤ 掌握网页基本结构（HTML+CSS各自能干什么）。
- ➤ 掌握网页中常用的HTML5标签。
- ➤ 掌握CSS3基本语法、常用样式及盒子模型原理。
- ➤ 掌握前端开发时常见的设计相关问题。
- ➤ 掌握常见的网站交互方式。
- ➤ 了解HTML5/CSS3最新标准及功能。
- ➤ 了解网页的SEO优化及设计注意问题。

本课程设计思路

　　本课程共6章，分为初识HTML5，HTML5的高级标签，CSS3样式及网页设计FAQ，盒子模型及网页设计FAQ，HTML5/CSS3标准化布局，列表、定位样式及网页设计FAQ，其中以HTML5及CSS3为主，具体内容安排如下：

- ➤ 第1章至第2章是对HTML5的讲解及练习，主要涉及HTML5的网页结构及标签。
- ➤ 第3章至第4章是对CSS3的讲解及练习，主要涉及CSS3样式及盒子模型的知识。
- ➤ 第5章则主要是对DIV+CSS3及HTML5布局的新方法的讲解及练习。
- ➤ 第6章是列表定位部分，主要包括CSS3的修饰列表及用position、z-index解决内容层叠问题，还包括设计的常见问题。

教材章节导读

➤ 本章目标：本章学习的目标，可以作为检验学习效果的标准。

➤ 本章简介：学习本章内容的原因和对本章内容的简介。

➤ 理论讲解：对本章所涉及内容的分析和讲解。

➤ 实战案例：每个本章总结后面都有对应的实战案例，可训练读者对操作技能的理解和运用。

➤ 本章总结：针对本章内容的概括和总结。

➤ 本章作业：针对本章学习内容的补充性练习，用于加强对本章知识的理解和运用。

教学资源

➤ 学习交流社区

➤ 案例素材下载

➤ 作业讨论区

➤ 相关视频教程

➤ 学习讨论群（搜索QQ群：课工场-UI/UE设计群）

详见课工场UI/UE学院：kgc.cn/uiue（教材版块）。

关于引用作品的版权声明

目录

前言
课程设计说明
关于引用作品的版权声明

第 1 章 ① 初识HTML5

109 第 4 章 盒子模型及UI设计FAQ

第 5 章 **153**

HTML5/CSS3标准化布局

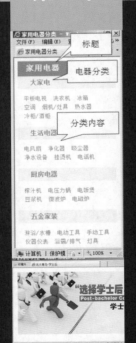

第 6 章 **175**

列表、定位样式及UI设计FAQ

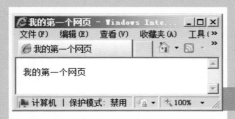

第1章

初识HTML5

● 本章目标

完成本章内容的学习以后，您将：

▶ 熟悉网站的开发流程。

▶ 掌握网页的基本结构。

▶ 掌握HTML5常用的标签。

● 本章素材下载

▶ 请访问课工场UI/UE学院：kgc.cn/uiue
（教材版块）下载本章需要的案例素材。

⚋ 本章简介

当网站 UI 设计师完成网站设计图后，对于这些精美的设计，是否就可以让用户通过互联网访问呢？答案显然是否定的，还需要将 Photoshop 制作的网站设计图，变成能通过互联网传播和访问的 Web 页面，即网页。这个网页可以在任何时间（anytime）、任何地点（anywhere），由任何人（anyone）访问，如果你遵循了最流行的 HTML5 标准，还可以通过任何终端（PC、平板、手机等）访问。这是一项颇神奇的工作，一般称为 Web 前端开发。对于互联网行业从业者，了解一些与 Web 前端开发相关的知识是很有必要的。

那么，在实际的网站开发中，网站的开发流程是什么？团队合作需要注意什么问题？HTML5 是什么新标准或新技术？一个 HTML5 网页文件由哪些内容组成？如何编写这样的网页？带着这些问题，让我们一起进入本章内容的学习之旅。

理 论 讲 解

1.1 网站开发流程及网页基本结构

参考视频
认识 H5 网页结构

⊕ 完成效果

"我的第一个网页"的完成效果如图 1.1 所示。

⊕ 技能分析

"我的第一个网页"看起来是不是太简单，也不太绚丽？别着急，万丈高楼平地起，我们需要先了解网站开发的基础知识。

本章将要讲解的是利用 HTML5 制作网页的最基础的知识，包括网站开发流程、什么是 HTML5、基本 HTML5 标签等。

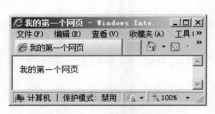

图 1.1 网页完成效果

◆ 1.1.1 "互联网+"时代的网站开发流程

开发一个网站，一般需要经过如下几个阶段，如图 1.2 所示。

➤ 前期准备：包括了解客户的需求、明确网站的设计风格、确定网站内容等，一般由团队中的产品经理或网络营销人员负责。

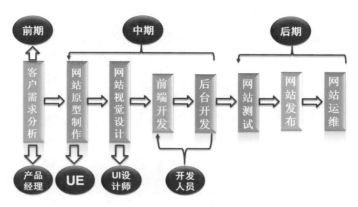

图 1.2　网站开发流程

➤ 中期设计和制作：主要包括网站原型制作、网站视觉设计及开发等。其中，网站原型图由 UE（User Experience，用户体验）设计师或产品经理完成，网站视觉设计或效果图设计由 UI（User Interface，用户界面）设计师完成，前端网页和后台代码由开发人员完成。前端网页设计也称为 Web 前端开发，一般由 Web 前端开发人员完成，部分企业也直接由 UI 设计师完成。

➤ 后期的测试、发布及运维：网站开发完毕后，还需要进行测试才可以发布上线，网站上线后需要根据用户反馈进行运营和维护。其中，网站测试包括检查页面效果是否美观、链接是否完好、不同浏览器的兼容性，一般由网站的测试人员完成。

对于网络营销人员，要非常了解"互联网 +"时代下的网站。如何方便网站的网络营销和推广？如何提高网站的用户体验，让用户喜欢访问你设计的网站？这些问题解决了，当用户搜索时，你的网站就会排在搜索结果的前面，最终更多的用户会单击你的网站，使其给你带来更多的客户或交易，这也就是网站 SEO。另外，了解网页开发的一些基本代码、理解网页实现的原理，不仅能够在网站开发团队合作过程中很好地配合和沟通，还能够为网络营销方案策划、网站优化、电商运营策划和设计等工作提供便利。

　注意

（1）什么是SEO？

SEO指Search Engine Optimization，即搜索引擎优化。

（2）SEO有什么用？

SEO可提高网站排名，从而为你的网站带来更多的客户，促进产品销售或品牌传播。

（3）SEO怎么做？

一般通过站内优化（网页代码、内容）、站外优化（加外部友情链接等），增加网站被百度等搜索引擎的收录量，当用户搜索你的网站时，提高网站排名。

1.1.2　网页的基本结构

网页由什么组成？

➤ 内容：如文字、图像等，一般由 HTML 代码负责实现。什么是 HTML？ HTML 是一种能展示图片、文字、多媒体信息的超文本语言。

➤ 样式：如颜色、字体大小等修饰，一般由 CSS 代码负责实现，CSS 是层叠样式表的英文缩写。

➤ 行为 (动作)：如一些网页特效（横幅广告）、鼠标移过变颜色、单击弹出登录框或信息提示框等，这些一般由 JavaScript 代码实现，JavaScript 是一种网页编程语言，简称 JS。

图 1.3 所示（网址：http://www.jd.com）是京东首页。

图 1.3　京东首页

在页面的空白处右击，在弹出的快捷菜单中选择"查看源代码"命令，页面的对应代码结构如图 1.4 所示。

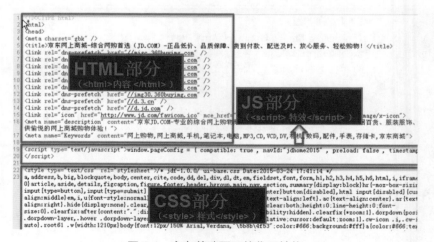

图 1.4　京东前端页面的代码结构

注意　实际上，把CSS代码、JS代码和HTML代码放在一个文件里是不提倡的，因为不利于百度、Google等搜索引擎的抓取和识别，这类情况需要考虑做网站代码的优化（网络营销中常说的SEO）。正确的做法是把HTML、CSS、JS代码分离，即分成3个文件：一个HTML文件（专门装HTML代码：*.html），一个CSS文件（专门装CSS代码：*.css），一个JS文件（专门装JS代码：*.js）。这就是互联网网站比较提倡的内容、样式、行为的分离。

1.2　HTML5 概述

 1.2.1　什么是HTML

　　介绍 HTML5 之前，先介绍 HTML。HTML 是用来描述网页的一种语言，它是一种超文本标记语言（Hyper Text Markup Language），也就是说，HTML 不是一种编程语言，而是一种标记语言（markup language）。

　　既然 HTML 是标记语言，那么 HTML 就由一套标记标签（markup tag）组成，在制作网页时，HTML 使用标记标签来描述网页。

　　在明白了什么是 HTML 之后，下面简单介绍一下 HTML 的发展历史，让大家了解 HTML 的发展历程，以及目前最新版本的 HTML，以便大家在学习时有一个学习的目标和方向。

　　（1）超文本置标语言——1993 年 6 月作为互联网工程工作小组工作草案发布（并非标准）。

　　（2）HTML2.0——1995 年 11 月作为 RFC 1866 发布，在 RFC 2854 于 2000 年 6 月发布之后被宣布过时。

　　（3）HTML3.2——1996 年 1 月 14 日发布，是 W3C 的推荐标准。

　　（4）HTML4.0——1997 年 12 月 18 日发布，是 W3C 的推荐标准。

　　（5）HTML4.01（微小改进）——1999 年 12 月 24 日发布，是 W3C 的推荐标准，2000 年 5 月 15 日发布基本严格的 HTML4.01 语法，它成为国际标准化组织和国际电工委员会的标准。

　　（6）XHTML1.0——2000 年 1 月 26 日发布，是 W3C 的推荐标准，后来经过修订于 2002 年 8 月 1 日重新发布。

　　（7）XHTML1.1——2001 年 5 月 31 日发布。

　　（8）XHTML2.0——W3C 的工作草案，由于改动过大，学习这项新技术的成本过高，它最终胎死腹中，因此，现在最常用的还是 XHTML1.0 标准。

　　（9）HTML5——目前最新的版本，于 2004 年提出，在 2007 年被 W3C 接纳并成立新的 HTML 工作团队，2008 年 1 月 22 日公布 HTML5 第一份正式草案，2012 年 12 月 17 日 HTML5 规范正式定稿，2013 年 5 月 6 日 HTML5.1 正式公布。

1.2.2　HTML5的优势

HTML5 作为最新版本，具备如下优势：

➤ 能提高可用性且改进用户的友好体验。

➤ 有几个新的标签，这将有助于开发人员定义重要的内容。

➤ 可以给站点带来更多的多媒体元素（视频和音频）。

➤ 可以很好地替代 Flash 和 Silverlight。

➤ 当涉及网站的抓取和索引时，对于 SEO 很友好。

➤ 将被大量应用于移动应用程序和游戏。

➤ 可移植性好。

以上的官方说法可能不易理解，对用户、企业来说，最直观的好处如下：

➤ 用户角度：采用 HTML5 标准和技术实现的网站，可以方便用户使用任意终端进行访问（如 PC、平板、手机等），并且拥有良好的用户体验，HTML5 网页将自动适应不同的终端尺寸。

➤ 企业角度：以前为了适应不同的访问终端（如 PC、平板、手机等），UI 设计师需要设计不同尺寸的设计图，网站开发人员也需要为不同类型的网站编写前端或后台代码，但有了 HTML5，只需要设计和开发一套，就可为企业大大节省网站开发成本。当然，目前 HTML5 问世不久，在具体的技术上还没完全实现，但这将是一种发展趋势。

　　　　HTML5功能强大，与其相关的更多内容可以通过百度搜索"什么是HTML5""HTML5特效"等查看，如"如此风骚-刷爆朋友圈的十大H5案例"。现在大部分浏览器都支持HTML5，近几年，HTML5发展迅速，基于HTML5的应用成倍增加，但HTML5人才缺口巨大，所以本书以最新的HTML5进行讲解。

通过以上介绍，相信大家已明白了什么是 HTML5，以及它的发展历史和本门课程要学习的目标版本，下面介绍 HTML5 的基本结构。

 1.2.3　HTML5文档的基本结构

HTML5 文档的基本结构分为两部分，如图 1.5 所示。整个 HTML5 文档包括头部（head）和主体（body）两部分，头部包括网页标题（title）等基本信息，主体包括网页的内容信息，如图片、文字等。页面的各部分内容都在对应的标签中，如网页以 <html> 开始，以 </html> 结束；网页头部以 <head> 开始，以 </head> 结束；页面主体以 <body> 开始，以 </body> 结束；在网页中所有的内容都放在 <body> 和 </body> 之间。注意 HTML5 标签都以"< >"开始、以"</ >"结束，要求它们成对出现，标签之间有缩进，体现层次感，方便阅读和修改。

图 1.5　HTML5 代码结构

 1.2.4　HTML5代码编辑工具

了解了 HTML5 文档的基本结构后，下面介绍常用的 HTML5 代码编辑工具。

1.　记事本

记事本是 Windows 自带的编辑附件，使用简单方便，实际项目开发中常用于代码较少的文档编辑或维护。使用记事本编辑 HTML 文档总体上有 4 个步骤。

（1）在 Windows 中打开记事本程序。

（2）在记事本中输入 HTML5 代码，如图 1.6 所示。

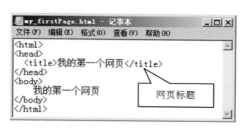

图 1.6　在记事本里编辑 HTML5

（3）选择"文件"→"保存"命令，弹出"另存为"对话框，如图 1.7 所示，将上述文档保存为扩展名为 *.html 的 HTML5 文档，如 my_firstPage.html。

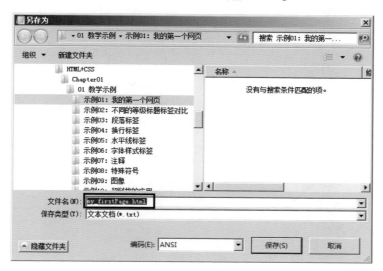

图 1.7　"另存为"对话框

（4）双击保存的 HTML5 文档，Windows 将自动调用 IE 打开 HTML5 文档，如图 1.8 所示。

2. UltraEdit

相比记事本而言，UltraEdit 是功能强大的编辑软件，它支持 HTML5 标签的颜色标识、代码缩进、搜索等功能，编辑 HTML5 文档的步骤和记事本相同，如图 1.9 所示。

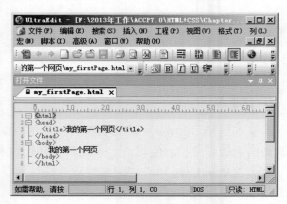

图 1.8　"我的第一个网页"被打开　　　　图 1.9　手写利器 UltraEdit

3. Dreamweaver

Adobe Dreamweaver 简称"DW"，中文名称为"梦想编织者"，是美国 Macromedia 公司开发的集网页制作和网站管理于一身的所见即所得网页编辑器。Dreamweaver 是第一套针对专业网页设计师特别发展的视觉化网页开发工具，利用它可以轻而易举地制作出跨越平台限制和跨越浏览器限制的充满动感的网页。

Dreamweaver 相对于记事本和 UltraEdit 而言，功能更为强大，视图分为"代码""拆分""设计""实时视图"，通过这 4 个视图可以很方便地进行编辑和预览网页，如图 1.10 所示。

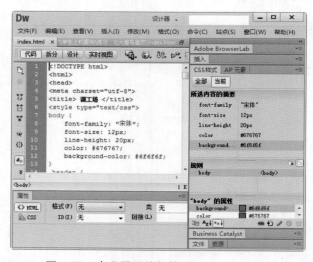

图 1.10　专业网页编辑软件 Dreamweaver

1.2.5　网页基本信息

在前面使用 IE 打开"我的第一个网页"显示正常，现在再次使用浏览器打开，如图 1.11 所示。页面标题和网页内容均显示乱码，为什么会出现这样的情况呢？

图 1.11　页面出现乱码

在前面的文档中只编写了网页的基本结构，实际上一个完整的网页除了基本结构之外，还包括网页声明、<meta> 标签等其他网页基本信息，如图 1.12 所示。下面进行详细介绍。

图 1.12　网页结构

1. DOCTYPE 声明

从图 1.12 中可以看到，最上面有两行关于"DOCTYPE"文档类型的声明，它约束了 HTML5 文档结构，检验是否符合相关 Web 标准，同时告诉浏览器使用哪种规范来解释这个文档中的代码。DOCTYPE 声明必须位于 HTML5 文档的第一行，如下所示：

```
<!DOCTYPE html>
```

目前 HTML5 只需要这一种声明类型就可以。

2. <title> 标签

使用 <title> 标签可描述网页的标题，网页标题类似一篇文章的标题，一般为一个简洁的主题，并能吸引读者有兴趣读下去。例如，SOHU 网站的主页对应的网页标题为：

```
<title> 搜狐 - 中国最大的门户网站 </title>
```

打开网页后，将在浏览器窗口的标题栏显示网页标题，如图 1.13 所示。

3. <meta> 标签

使用 <meta> 标签可描述网页具体的摘要信息，包括文档内容类型、字符编码信息、搜索关键字、网站提供的功能和服务的详细描述等。<meta> 标签描述的内容并不显示，其目的是方便浏览器解析或利于搜索引擎搜索，它采用"名称 / 值"对的方式描述摘要信息。

（1）文档内容类型、字符编码信息，例如：

图 1.13 <title> 标签

```
<meta charset="gb2312">
```

charset="gb2312" 表示文本类别的 HTML5 代码，字符编码为简体中文，charset 表示字符集编码。常用的编码有以下几种：

- ➢ gb2312：简体中文，一般用于包含中文和英文的页面。
- ➢ ISO-885901：纯英文，一般用于只包含英文的页面。
- ➢ big5：繁体，一般用于带有繁体字的页面。
- ➢ utf-8：国际通用的字符编码，同样适用于中文和英文的页面。和 gb2312 编码相比，通用性更好，但字符编码的压缩比稍低，对网页性能有一定影响。

这种字符编码的设置效果，就类似于在 IE 中，选择"查看" → "编码"命令，给 HTML5 文档设置不同的字符编码。需要注意，不正确的编码设置将带来网页乱码。

实际上前面网页打开后出现乱码的原因就是没有设置 <meta> 标签、字符编码，从这里可以看到，一个网页的字符编码是多么重要，因此在制作网页时，一定不要忘记设置网页编码，以免出现页面乱码的问题。

注意

对于HTML5以前的版本，设置网页字符集很麻烦，需要这样：

```
<meta http-equiv="Content-Type"
content="text/html; charset=utf-8" />
```

而在HTML5中，简化为：

```
<meta charset="utf-8">
```

（2）搜索关键字和内容描述信息。举例如下。

<meta name="keywords" content=" 课工场，互联网 " />

<meta name="description" content=" 课工场是北大青鸟集团下属企业北京课工场教育科技有限公司推出的互联网教育平台，专注于互联网企业各岗位人才的培养。" />

实现的方式仍然为"名称 / 值"对的形式，其中 **keywords** 表示搜索关键字，**description** 表示对网站内容的具体描述。通过提供搜索关键字和内容描述信息，方便搜索引擎的搜索。

1.3 基本 HTML5 标签及网站 SEO 应用

◈ 完成效果

聚美优品网页完成效果如图 **1.14** 所示。

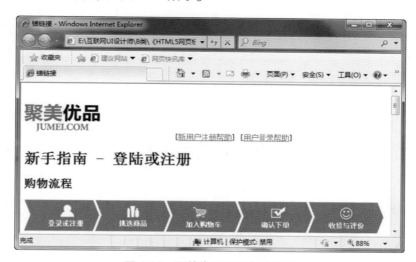

图 1.14 聚美优品网页完成效果

◈ 技能分析

任何一个网页基本上都是由一个个标签构成的，网页的基本标签包括标题标签、段落标签、换行标签、图像标签、链接标签等，下面进行详细介绍。

1.3.1 标题标签

标题标签表示一段文字的标题或主题，并且支持多层次的内容结构。例如，一级标题采用 <h1>，二级标题采用 <h2>，依此类推。HTML5 共提供了 6 级标题 <h1> ～ <h6>，并赋予了标题一定的外观，所有标题字体加粗，<h1> 字号最大，<h6> 字号最小。例如，示例 1 描述了各级标题对应的 HTML5 标签。

示例 1

```
<!DOCTYPE html>
<html>
<head>
<meta charset="gb2312">
<title> 不同等级的标题标签对比 </title>
</head>
<body>
<h1> 一级标题 </h1>
<h2> 二级标题 </h2>
<h3> 三级标题 </h3>
<h4> 四级标题 </h4>
<h5> 五级标题 </h5>
<h6> 六级标题 </h6>
</body>
</html>
```

在浏览器中打开示例 1 的预览效果，如图 1.15 所示。

图 1.15　不同级别的标题标签输出效果

经验总结

相关的网站 SEO 方法：
（1）<h1> 标签和 <h2> 标签中包含关键词，可提升关键词在页面中的权重。
（2）优化标签。
➢　<h1> 标签和 <h2> 标签在使用时建议包含关键词。
➢　<h1> 标签和 <h2> 标签在使用时建议只出现一次。
➢　<h3>、<h4>、<h5> 标签的 SEO 作用较小，建议不要乱用。

1.3.2　段落标签和换行标签

段落标签 <p>……</p> 表示一段文字等内容。例如,希望描述"北京欢迎你"这首歌,
包括歌名(标题)和歌词(段落),则对应的 HTML5 代码如示例 2 所示。

示例 2

```
<!DOCTYPE html>
<html>
<head>
  <meta charset="gb2312">
  <title> 段落标签的应用 </title>
</head>
<body>
  <h1> 北京欢迎你 </h1>
  <p> 北京欢迎你 , 有梦想谁都了不起 !</p>
  <p> 有勇气就会有奇迹。</p>
</body>
</html>
```

示例 2 中使用了 <h1> 标签来表示标题,使用 <p> 标签表示一个段落。需要注意,本
例的段落只包含一行文字,实际上,一个段落中可以包含多行文字,文字内容将随浏览器
窗口大小自动换行。在浏览器中打开示例 2 的预览效果,如图 1.16 所示。

换行标签
 表示强制换行,该标签比较特殊,没有结束标签,直接使用
 表
示标签的开始和结束。例如,希望"北京欢迎你"的歌词紧凑显示,每句间要求换行,则
对应的 HTML5 代码如示例 3 所示。

示例 3

```
<!DOCTYPE html>
<html>
<head>
  <meta charset="gb2312">
  <title> 换行标签的应用 </title>
</head>
<body>
  <h1> 北京欢迎你 </h1>
  <p>
  北京欢迎你 , 有梦想谁都了不起 !<br/>
```

图 1.16　段落标签的应用

13

有勇气就会有奇迹。

北京欢迎你，为你开天辟地

流动中的魅力充满朝气。

北京欢迎你，在太阳下分享呼吸

在黄土地刷新成绩。

北京欢迎你，像音乐感动你

让我们都加油去超越自己。

</p>

</body>

</html>

在浏览器中打开示例 3 的预览效果，如图 1.17 所示。

图 1.17　换行标签的应用

1.3.3　图像标签

在浏览网页时，随时都可以看到页面上的各种图像，图像是网页中不可缺少的一种元素。下面将介绍常见的图像格式和如何在网页中使用图像。

1. 常见的图像格式

在日常生活中，使用比较多的图像格式有四种，即 JPG、GIF、BMP、PNG。在网页中使用比较多的是 JPG、GIF 和 PNG，大多数浏览器都可以显示这些图像，PNG 格式比较新，部分浏览器不支持此格式。下面就来分别介绍这 4 种常用图像。

（1）JPG。JPG（JPEG）是在 Internet 上被广泛支持的图像格式，它是联合图像专家组（Joint Photographic Experts Group）文件格式的英文缩写。JPG 格式的有损压缩会造成图像画面失真，不过压缩之后的体积很小，而且图像比较清晰，所以 JPG 比较适合在网页中应用。

JPG 格式最适合用于摄影或连续色调图像，这是因为 JPG 文件可以包含数百万种颜色。随着 JPG 文件品质的提高，文件的大小和下载时间也会随之增加。通常可以通过压缩 JPG 文件在图像品质和文件大小之间达到良好的平衡。

（2）GIF。GIF 是网页中使用最广泛、最普遍的一种图像格式，它是图像交换格式（graphics interchange format）的英文缩写。GIF 文件支持透明色，这使得 GIF 在网页的背景和一些多层特效的显示上用得非常多，GIF 还支持动画，这是它最突出的一个特点，因此 GIF 图像在网页中应用非常广泛。

（3）BMP。BMP 在 Windows 操作系统中使用得比较多，它是位图（bitmap）的英文缩写。BMP 图像文件格式与其他 Microsoft Windows 程序兼容，它不支持文件压缩，也不适用于 Web 网页。

（4）PNG。PNG 是 20 世纪 90 年代中期开始开发的图像文件存储格式，它兼有 GIF 和 JPG 的优势，同时具备 GIF 文件格式不具备的特性。流式网络图形格式（Portable network graphic format，PNG）名称来源于非官方的 "PNG's Not GIF"，读成 "ping"。唯一的遗憾是，PNG 是一种新兴的 Web 图像格式，还存在部分旧版本浏览器（如 IE 5、IE 6 等）不支持的问题。

2. 图像标签的基本语法

图像标签的基本语法如下：

> <img src=" 图片地址 " alt=" 图像的替代文字 " title=" 鼠标悬停提示文字 " width=" 图片宽度 " height=" 图片高度 " />

其中，src 表示图片路径，alt 表示图像无法显示时（如图片路径错误或网速太慢等）替代显示的文本，这样，即使当图像无法显示时，用户也可以看到网页丢失的信息，如图 1.18 所示，所以 alt 属性在制作网页时应和 src 属性配合使用。title 属性可以提供额外的提示或帮助信息，当鼠标移至图片上时显示提示信息，方便用户使用，如图 1.19 所示。

图 1.18　alt 属性显示效果

图 1.19　title 属性显示效果

width 和 height 两个属性分别表示图片的宽度和高度，有时可以不设置，那么图片默认原始大小显示。图 1.19 对应的 HTML5 代码如示例 4 所示，图片和文本使用 <p> 标签进行排版，换行使用了
 标签。

示例 4

```
<!DOCTYPE html>
<html>
<head>
<meta charset="gb2312">
<title> 图像标签的应用 </title>
</head>
<body>
 <p> <img src="image/hetao.jpg" width="160" height="160" alt=" 无漂白薄皮核桃 "
 title=" 无漂白薄皮核桃 "/></p>
 <p> 楼兰蜜语 新疆野生 <br/>
 无漂白薄皮核桃 500g×2 包 <br/>
 ￥48.8</p>
</body>
</html>
```

在实际的网站开发中，通常会把网站应用的图片统一存放在 image 或 images 文件夹中，本书示例应用的图片也按此规则放在 image 或 images 文件夹中。

▶▶ 经验总结

相关的 SEO 方法：
（1）<img> 标签中的 alt 属性规定在图像无法显示时的替代文本，鼠标在图片上悬停的时候可以显示文字注释，它可以让百度更好地识别图片信息，从而使图片有收录和排名。
（2）注意事项。
➤ alt 描述要和图片内容相符。
➤ alt 描述控制在 100 个字符内（极限）。

1.3.4 链接标签

大家在上网时，经常会通过超链接查看各个页面或不同的网站，因此超链接 <a> 标签在网页中极为常用。超链接常用来设置到其他页面的导航链接。下面介绍超链接的用法和应用场合。

1. 超链接的基本用法

超链接包含两部分内容，一是链接地址，即链接的目标，它可以是某个网址或文件的路径，对应 **<a>** 标签的 **href** 属性；二是链接文本或图像，单击该文本或图像，页面将跳转到 **href** 属性指定的链接地址。超链接的基本语法如下：

<a href=" 链接地址 " target=" 目标窗口位置 "> 链接文本或图像 </a>

href 表示链接地址的路径。**target** 指定链接在哪个窗口打开，常用的取值有 **_self**（自身窗口）、**_blank**（新建窗口）。

超链接既可以是文本超链接，又可以是图像超链接。例如，示例 5 中两个链接分别表示文本超链接和图像超链接，单击这两个超链接均能够在一个新的窗口中打开 **hetao.html** 页面。

🐿 示例 5

```
<!DOCTYPE html>
<html>
<head>
<meta charset="gb2312">
<title> 超链接的应用 </title>
</head>
<body>
  <a href="hetao.html" target="_blank"> 无漂白薄皮核桃 </a><br/><br/>
  <a href="hetao.html" target="_blank"><img src="image/hetao.jpg" alt=" 无漂白薄皮核桃 " title=" 无漂白薄皮核桃 "/></a>
</body>
</html>
```

在浏览器中打开页面并单击超链接，显示效果如图 1.20 所示。

图 1.20　打开超链接的显示效果

17

　　示例 5 中超链接的路径均为文件名称，这表示本页面和跳转页面在同一个目录下，那么，如果两个文件不在同一个目录下，该如何表示文件路径呢？

　　网页中，当单击某个链接时，该链接将指向万维网上的文档。万维网使用 URL（uniform resource location，统一资源定位器）的方式来定义一个链接地址。例如，一个完整的链接地址的常见形式为 http://www.kgc.cn。

　　根据链接的地址是指向站外文件还是站内文件，链接地址又分为绝对路径和相对路径。

　　绝对路径：指向目标地址的完整描述，一般指向本站点外的文件。例如，<a href="http://www.sohu.com/index.html"> 搜狐 </a>。

　　相对路径：相对于当前页面的路径，一般指向本站点内的文件，所以一般不需要一个完整的 URL 地址的形式。例如，<a href="login/login.html"> 登录 </a> 表示链接地址为当前页面所在路径的"login"目录下的"login.html"页面。假定当前页面所在的目录为"D:\root"，则链接地址对应的页面为"D:\root\login\login.html"。

　　另外，站内使用相对路径时常用到两个特殊符号："../"表示当前目录的上级目录，"../../"表示当前目录的上上级目录。假定当前页面中包含两个超链接，分别指向上级目录的 web1.html 及上上级目录的 web2.html，如图 1.21 所示。

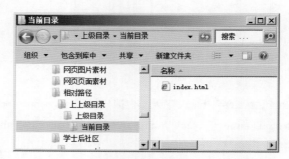

图 1.21　相对路径

　　当前目录下 index.html 网页中的两个链接，分别指向上级目录中 web1.html 及上上级目录中 web2.html，对应的 HTML5 代码如下：

<a href="../web1.html"> 上级目录 </a>

<a href="../../web2.html"> 上上级目录 </a>

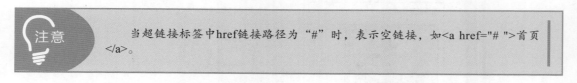

注意　　当超链接标签中href链接路径为"#"时，表示空链接，如<a href="# ">首页</a>。

2. 超链接的应用场合

　　大家在上网时，会发现不同的超链接方式，有的链接到其他页面，有的链接到当前页面，还有的单击一个超链接直接打开邮件。实际上根据超链接的应用场合，可以把超链接分为三类。

> ➤ 页面间链接：A 页到 B 页，最常用，用于网站导航。
> ➤ 锚链接：A 页的甲位置到 A 页的乙位置或 A 页的甲位置到 B 页的乙位置。
> ➤ 功能性链接：在页面中调用其他程序功能，如电子邮件、QQ、MSN 等。

（1）页面间链接。页面间链接就是从一个页面链接到另一个页面。例如，示例 6 中有两个页面间链接，分别指向 YL 在线学习平台的首页和课程列表页面，由于两个指向页面均在当前页面下一级目录下，所以设置的 href 路径显示目录和文件。

示例 6

```
<!DOCTYPE html>
<html>
<head>
<meta charset="gb2312">
<title> 页面间链接 </title>
</head>
<body>
 <p><a href="elearing/index.html" target="_blank">YL 在线学习平台 </a></p>
 <p><a href="elearing/courseList.html" target="_blank">YL 在线学习课程列表
 </a></p>
</body>
</html>
```

在浏览器中打开页面，显示效果如图 1.22 所示。单击两个超链接，分别在两个新的窗口中打开页面。

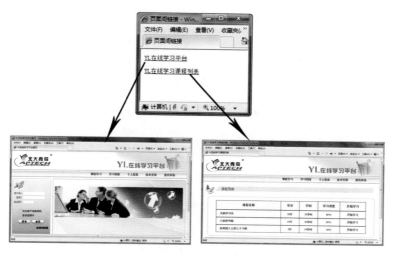

图 1.22　页面间链接

（2）锚链接。锚链接常用于目标页内容很多，需定位到目标页内容中的某个具体位置时。例如，网上常见的新手帮助页面，当单击某个超链接时，将跳转到对应帮助页面的内容介绍处，这种方式就是前面说的从 A 页面的甲位置跳转到本页中的乙位置，做起来很简单，需要如下两个步骤：

首先，在页面的乙位置设置标记，语法如下：

    <a name="marker"> 目标位置乙 </a>

name 为 <a> 标签的属性，marker 为标记名，其功能类似古时用于固定船的锚（或钩），所以也称为锚名。

然后，在甲位置链接路径处设置 href 属性值为 "# 标记名"，语法如下：

    <a href="#marker"> 当前位置甲 </a>

明白了如何实现页面的锚链接，现在来看一个例子——聚美优品网站的新手帮助页面。当单击"新用户注册帮助"超链接时页面将跳转到下方"新用户注册"步骤说明相关位置，如图 1.23 所示。

图 1.23　锚链接

上面的例子对应的 **HTML5** 代码如示例 7 所示。

示例 7

```
<!-- 省略部分 HTML5 代码 -->

<p><img src="image/logo.jpg" width="305" height="104" alt="logo" />

[<a href="#register"> 新用户注册帮助 </a>] [<a href="#login"> 用户登录帮助 </a>]</p>

<h1> 新手指南 - 登录或注册 </h1>
```

```
<!-- 省略部分 HTML5 代码 -->
<h2><a name="register"> 新用户注册 </a></h2>
<!-- 省略部分 HTML5 代码 -->
<h2><a name="login"> 登录 </a></h2>
<!-- 省略部分 HTML5 代码 -->
```

示例 7 是指同页面间的锚链接，那么，如果要实现不同页面间的锚链接，即从 A 页面的甲位置跳到 B 页面的乙位置，如单击 A 页面上的"用户登录帮助"链接，使网页跳转到帮助页面对应的用户登录帮助内容处，该如何实现呢？实际上实现步骤与同页面间的锚链接一样，同样首先在 B 页面（帮助页面）对应位置设置锚标记，如 <a name="login"> 登录 </a>，然后在 A 页面设置锚链接。假设 B 页面（帮助页面）名称为 help.html，那么锚链接为 <a href="help.html#login"> 用户登录帮助 </a>，实现效果如图 1.24 所示。

图 1.24　不同页面间锚链接

（3）功能性链接。功能性链接比较特殊，当单击超链接时不是打开某个网页，而是启动本机自带的某个应用程序，如网上常见的电子邮件、QQ、MSN 等链接。接下来以最常用的电子邮件链接为例，当单击"联系我们"邮件链接时，网页将打开用户的电子邮件程序，并自动填写"收件人"文本框中的电子邮件地址。

设置电子邮件链接的方法是"mailto: 电子邮件地址"，完整的 HTML5 代码如示例 8 所示。

示例 8

```
<!DOCTYPE html>
<html>
<head>
<meta charset="gb2312">
<title> 邮件链接 </title>
</head>
<body>
 <p><img src="image/logo.jpg" width="305" height="104" alt="logo" />
[<a href="mailto:bdqnWebmaster@bdqn.cn"> 联系我们 </a>] </p>
</body>
</html>
```

在浏览器中打开页面,单击 "联系我们" 链接,弹出电子邮件编写窗口,如图 1.25 所示。

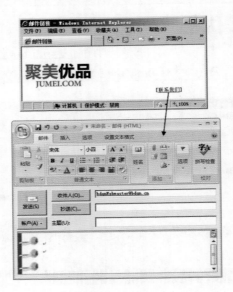

图 1.25　电子邮件链接

实 战 案 例

实战案例 1——制作李清照的词《清平乐》页面

📋 需求描述

使用学过的标签制作李清照的词《清平乐》，标题用 <h2> 标签，文字用 <p> 标签，标题与正文之间的分隔线使用 <hr/> 标签，词结束后使用
 标签换行，页面效果如图 1.26 所示。

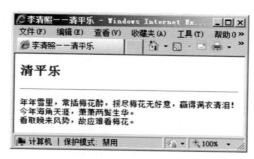

图 1.26 "李清照——清平乐"页面完成效果

📋 技能要点

➢ 使用 Dreamweaver 制作网页。
➢ 标签的嵌套使用。
➢ 使用标题标签、段落标签、水平线标签和换行标签编辑文本。

📋 实现思路

诗词内容均放在一个 <p>……</p> 标签中，诗词中需要换行时使用
 换行，实现标签的嵌套。

实战案例 2——制作京东商城家用电器排行榜页面

📋 需求描述

使用学过的图像标签、标题标签等制作京东商城家用电器排行榜页面，标题使用标题标签，商品之间使用水平线分隔，完成的页面效果如图 1.27 所示。

图 1.27　"家用电器排行榜"页面完成效果

技能要点

➤　使用 Dreamweaver 制作网页。

➤　图片和文字混合排版。

➤　图像标签、标题标签、水平线标签的应用。

实现思路

家用电器排行榜放在标题 <h1> 标签中，图像使用 <img/> 标签，商品之间使用 <hr/> 标签实现分隔。

实战案例 3——制作聚美优品新手指南页面

需求描述

使用学过的标签制作聚美优品新手指南页面，图片均要加上 alt 属性，"常见问题"和"用户协议"设置为空链接，"注册帮助"和"登录帮助"设置为本页锚链接，分别链接至本页"新用户注册"和"登录帮助"处，完成效果如图 1.28 所示。

技能要点

➤　使用 Dreamweaver 制作网页。

➤　图片和文字混合排版。

➤　图像标签、标题标签、水平线标签、超链接标签的应用。

图 1.28 "聚美优品新手指南页面"完成效果

实现思路

"新手指南 - 登录或注册"放在标题 **<h1>** 标签中，图像使用 **<img/>** 标签，"常见问题"等使用 **<a/>** 标签。

本 章 总 结

- HTML5 文件的基本结构和网页基本信息。
- 基本标签包括 <h1> ~ <h6>、<p>、<hr/>、
 等。
- 插入图像的基本语法、alt 属性的应用。
- 超链接 <a> 的应用以及链接的分类。
- 各标签的相关 SEO 用法。

学习笔记

本 章 作 业

选择题

1. HTML5的基本结构是（　　　）。

    A. <html><body></body><head></head></html>

    B. <html><head></head><body></body></html>

    C. <html><head></head><foot></foot></html>

    D. <html><head><tittle></title></head></html>

2. 在HTML5中，（　　）标签可以在页面上显示一条水平线。

    A. <h2>　　　　　　B. <p>　　　　　　C. <hr/>　　　　　　D.

3. （　　　）标签可以实现文本加粗显示。

    A. <h1>　　　　　B. <strong>　　　　　C. <em>　　　　　D. <a>

4. 在HTML5中，图片显示与鼠标移至图片上的提示文字显示分别用（　　　）。

    A. <img/>标签和alt属性　　　　　　B. <img/>标签和title属性

    C. <img/>属性和alt标签　　　　　　D. <img/>属性和title标签

5. 在HTML5中，有一个help.html页面，此页面中有一个锚标记<a name="star">明星
专区</a>，那么在与help.html同级目录下的index.html页面中，（　　　）能正确地链接到
help.html页面中star锚标记处。

    A. <a href="# star">明星专区</a>

    B. <a href="star">明星专区</a>

    C. <a href="mailto: star">明星专区</a>

    D. <a href="help.html# star">明星专区</a>

简答题

1. 写出网页的基本标签、作用和语法。

2. 超链接有哪些类型？它们的区别是什么？

3. 制作聚美优品常见问题页面，页面标题和问题使用标题标签完成，问题答案使用段落
标签完成，客服温馨提示部分与问题列表之间使用水平线分隔，完成效果如图1.29所示。

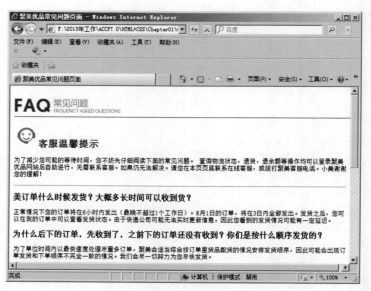

图 1.29　常见问题页面完成效果

4. 制作聚美优品帮助中心菜单列表页面，菜单超链接均设置为空链接，菜单中间使用水平线分隔，完成效果如图1.30所示。

5. 制作洗衣机销售排行榜页面，页面中左侧为图片，右侧为图片说明和价格，商品之间使用水平线分隔，完成效果如图1.31所示。

图 1.30　菜单列表页面完成效果

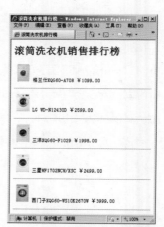

图 1.31　洗衣机销售排行榜页面完成效果

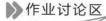 作业讨论区

访问课工场 UI/UE 学院：kgc.cn/uiue（教材版块），欢迎在这里提交作业或提出问题，你将有机会跟课工场的专家以及共同学习本书的小伙伴一起探讨切磋！

HTML5的高级标签

● 本章目标

完成本章内容的学习以后，您将：

▶ 掌握列表标签。

▶ 掌握表格标签。

▶ 掌握表单标签。

● 本章素材下载

▶ 请访问课工场UI/UE学院：kgc.cn/uiue
（教材版块）下载本章需要的案例素材。

▓ 本章简介

列表在网页制作中占据着重要的位置，许多精美、漂亮的网页中都使用了列表。本章将向大家介绍列表的概念及相关的使用方法，通过练习掌握列表应用的技巧，从而使读者可以制作出精美的网页。同时，在制作网页时，表格是一种不可或缺的数据展示工具，使用表格可以灵活地实现数据展示，表格在很多页面中还发挥着页面排版的作用。表单是实现用户与网页之间信息交互的基础，通过在网页中添加表单可以实现诸如会员注册、用户登录、提交资料等交互功能。本章将主要讲解如何在网页中制作表单，并使用表单元素创建表单。

理 论 讲 解

参考视频
H5 高级标签

2.1 列表

在网页制作中，列表有很多使用场合，如常见的树形可折叠菜单、购物网站的商品展示等。既然列表可以发挥如此巨大的作用，那么下面首先来了解一下什么是列表。

▼ 2.1.1 列表简介

什么是列表？简单来说，列表就是数据的一种展示形式。图 2.1 所示的数据信息就是采用列表完成的。

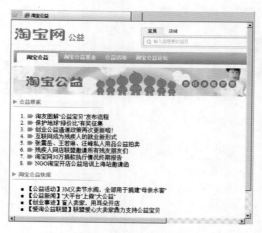

图 2.1 淘宝公益信息

除了图 2.1 所示的页面效果以外，在不同的场合使用列表有不同的效果。例如，在百度词典中，对于字词等的解释也可以使用列表来完成，如图 2.2 所示。

图 2.2　百度词典

通过以上的介绍，相信大家大致了解了什么是列表、列表可以做什么。那么接下来看看在 HTML5 中是如何对列表进行分类的。

2.1.2　列表的分类

HTML5 支持的列表形式总共有以下三种。

1. 无序列表

无序列表是一个项目列表，使用项目符号标记无序的项目。在无序列表中，各个列表项之间没有顺序级别之分，它通常使用一个项目符号作为每个列表项的前缀。

2. 有序列表

同样，有序列表也由一个个列表项组成，列表项既可使用数字标记，也可使用字母标记。

3. 定义列表

当无序列表和有序列表都不适合时，可通过定义列表来完成数据展示，所以定义列表不仅是一个项目列表，而是项目及其注释的组合。在使用定义列表时，每一列项目前不会添加任何标记。

2.1.3 列表的应用

通过前面的列表介绍，大家已经了解了 HTML5 中列表的作用及列表的分类，那么，该如何使用列表呢？这就是下面将要讲解的内容——列表的使用方法。

1. 无序列表的应用

无序列表使用 **<ul>** 标签作为无序列表的声明，使用 **<li>** 标签作为每个列表项的起始，在浏览器中查看到的页面效果如图 2.3 所示，可以看到 3 个列表项前面均有一个实体圆心。

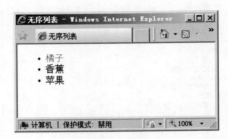

图 2.3　无序列表

图 2.3 所示页面对应的代码如示例 1 所示。

示例 1

```
<!DOCTYPE html>
<html>
<head>
<meta charset="utf-8">
<title> 无序列表 </title>
</head>
<body>
<ul>
  <li> 橘子 </li>
  <li> 香蕉 </li>
  <li> 苹果 </li>
</ul>
</body>
</html>
```

如果希望使用无序列表，且列表项前的项目符号改用其他项目符号怎么办呢？ **<ul>** 标签有一个 **type** 属性，这个属性的作用就是指定在显示列表时所采用的项目符号类型。**type** 属性的取值不同，显示的项目符号的形状也不同，其取值说明如表 2-1 所示。

表 2-1　<ul> 标签中 type 属性的取值

取　值	说　明
disc	项目符号显示为实体圆心，默认值
square	项目符号显示为实体方心
circle	项目符号显示为空心圆

示例 2 中分别使用了不同的 **type** 属性值来定义列表的项目符号。

示例 2

<!DOCTYPE html>

<html>

<head>

<meta charset="utf-8">

<title> 无序列表 </title>

</head>

<body>

<h4>type=circle 时的无序列表 :</h4>

<ul type="circle">

　<li> 橘子 </li>

　<li> 香蕉 </li>

　<li> 苹果 </li>

</ul>

<h4>type=disc 时的无序列表 :</h4>

<ul type="disc">

　<li> 橘子 </li>

　<li> 香蕉 </li>

　<li> 苹果 </li>

</ul>

<h4>type=square 时的无序列表 :</h4>

<ul type="square">

　<li> 橘子 </li>

　<li> 香蕉 </li>

　<li> 苹果 </li>

</ul>

</body>

</html>

在浏览器中查看页面效果，如图 2.4 所示。

图 2.4　无序列表的 type 属性

2. 有序列表的应用

无序列表与有序列表的区别就在于，有序列表的各列表项有先后顺序，所以有序列表会使用数字进行标识。有序列表使用 <ol> 标签作为有序列表的声明，使用 <li> 标签作为每个列表项的起始。有序列表的代码应用如示例 3 所示。

示例 3

```
<!DOCTYPE html>
<html>
<head>
<meta charset="utf-8">
<title> 有序列表 </title>
</head>
<body>
<p> 有序列表 </p>
<ol>
  <li> 橘子 </li>
  <li> 香蕉 </li>
  <li> 苹果 </li>
</ol>
</body>
</html>
```

在浏览器中查看页面效果，如图 2.5 所示。

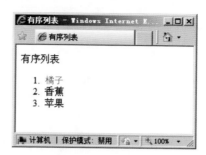

图 2.5　有序列表

与无序列表一样，有序列表的项目符号也可以进行设置。在 <ol> 标签中也存在一个 type 属性，作用同样是用于修改列表的项目符号。type 属性值的说明如表 2-2 所示。

表 2-2　<ol> 标签中 type 属性的取值

取　　值	说　　明
1（数字）	使用数字作为项目符号
A/a	使用大写 / 小写字母作为项目符号
I/i	使用大写 / 小写罗马数字作为项目符号

不同的 type 属性取值，会导致列表显示的效果不同，代码如示例 4 所示。

示例 4

```
<!-- 省略部分代码 -->
<h4>type=1 时的有序列表 </h4>
<ol type="1">
        <li> 橘子 </li>
        <li> 香蕉 </li>
        <li> 苹果 </li>
</ol>
<h4>type=a 时的有序列表 </h4>
<ol type="a">
        <li> 橘子 </li>
        <li> 香蕉 </li>
        <li> 苹果 </li>
</ol>
<!-- 省略部分代码 -->
```

在浏览器中查看页面效果，如图 2.6 所示。

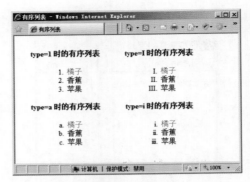

图 2.6　设置有序列表的 type 属性

3．定义列表的应用

定义列表是一种很特殊的列表形式，它是标题及注释的结合。定义列表的语法相对于无序列表和有序列表不太一样，它使用 **\<dl\>** 标签作为列表的开始，使用 **\<dt\>** 标签作为每个列表项的起始，而对于每个列表项的定义则使用 **\<dd\>** 标签来完成。下面使用定义列表的方式来完成图 2.7 的效果。

从图 2.7 中可以看出，第一行文字"所属学院"类似于一个题目，而第二行文字"计算机应用"属于对第一行题目的解释，这种显示风格就是定义列表，其代码如示例 5 所示。

示例 5

```
<!DOCTYPE html>
<html>
<head>
<meta charset="utf-8">
<title> 定义列表 </title>
</head>
<body>
<dl>
    <dt> 所属学院 </dt>
    <dd> 计算机应用 </dd>
    <dt> 所属专业 </dt>
    <dd> 计算机软件工程 </dd>
</dl>
</body>
</html>
```

图 2.7　定义列表

到这里，我们已经学习了 HTML5 中三种列表的使用方法，归纳起来如表 2-3 所示。

表 2-3　三种列表的比较

类 型	说 明	项目符号
无序列表	以 <ul> 标签来实现 以 <li> 标签定义列表项	通过 type 属性设置项目符号 包括 disc（默认）、square 和 circle
有序列表	以 <ol> 标签来实现 以 <li> 标签定义列表项	通过 type 属性设置项目顺序 包括 1（数字，默认）、A（大写字母）、a（小写字母）、I（大写罗马数字）和 i（小写罗马数字）
定义列表	以 <dl> 标签来实现 以 <dt> 标签定义列表项 以 <dd> 标签定义内容	无项目符号或显示顺序

注意

列表常用场合及列表使用中的注意事项如下：
➤ 无序列表中的每项都是平级的，没有级别之分，并且列表中的内容一般是相对简单的标题性质的网页内容。而有序列表则会依据列表项的顺序进行显示。
➤ 在实际的网页应用中，无序列表（ul-li）比有序列表（ol-li）应用得更加广泛，有序列表（ol-li）一般用于显示带有顺序编号的特定场合。
➤ 定义列表（dl-dt-dd）一般适用于带有标题和标题解释性内容或者图片和文本内容混合排列的场合。

2.2　表格

表格是块状元素，发明表格标签的初衷是用于显示表格数据。例如，学校中常见的考试成绩单、选修课课表，企业中常见的工资账单等。

2.2.1　为什么使用表格

1. 简单通用

由于表格采用行列式的简单结构，以及它在生活中的广泛使用，对它的理解和代码编写都很方便。

2. 结构稳定

表格每行的列数通常一致，同行单元格高度一致且水平对齐，同列单元格宽度一致且垂直对齐。这种严格的约束形成了一个不易变形的长方形盒子结构，堆叠排列起来结构很稳定。

2.2.2 表格的基本结构

先看一看表格的基本结构。表格是由指定数目的行和列组成的，如图 2.8 所示。

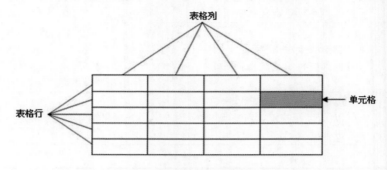

图 2.8 表格的基本结构

1. 单元格

单元格为表格的最小单位，一个或多个单元格纵横排列组成表格。

2. 表格行

一个或多个单元格横向堆叠形成行。

3. 表格列

由于表格单元格的宽度必须一致，因此单元格纵向排列形成列。

 2.2.3 表格的基本语法

创建表格的基本语法如下：

```
<table>
  <tr>
    <td> 第 1 个单元格的内容 </td>
    <td> 第 2 个单元格的内容 </td>
    ……
  </tr>
  <tr>
    <td> 第 1 个单元格的内容 </td>
    <td> 第 2 个单元格的内容 </td>
    ……
  </tr>
</table>
```

创建表格一般分为三步。

第一步：创建表格标签 <table>……</table>。

第二步：在表格标签 <table>……</table> 里创建行标签 <tr>……</tr>，可以有多行。

第三步：在行标签 <tr>……</tr> 里创建单元格标签 <td>……</td>，可以有多个单元格。

为了显示表格的轮廓，一般还需要设置 <table> 标签的"border"边框属性，指定边框的宽度。例如，在页面中添加一个 2 行 3 列的表格，对应的 HTML5 代码如示例 6 所示。

📖 示例 6

```
<!DOCTYPE html>
<html>
 <head>
    <title> 基本表格 </title>
 </head>
 <body>
    <table border="2">
      <tr>
       <td>1 行 1 列的单元格 </td>
       <td>1 行 2 列的单元格 </td>
       <td>1 行 3 列的单元格 </td>
      </tr>
      <tr>
       <td>2 行 1 列的单元格 </td>
       <td>2 行 2 列的单元格 </td>
       <td>2 行 3 列的单元格 </td>
      </tr>
    </table>
 </body>
 </html>
```

在浏览器中查看页面效果，如图 2.9 所示。

图 2.9　创建基本表格

2.2.4 表格的对齐方式

表格的对齐方式用来控制表格在网页中的显示位置，常见的对齐方式有默认对齐、左对齐、居中对齐和右对齐。而实现表格对齐的属性就是 align 属性，align 属性有 3 个值，分别对应左对齐、居中对齐、右对齐，当省略该属性时，系统自动采用默认对齐方式。

（1）默认对齐。表格一经创建，便显示为默认对齐。默认对齐状态下表格以实际尺寸显示在左侧，如果旁边有内容，这些内容会显示在表格的下方，不会在表格的两侧进行排列。

（2）居中对齐。有时候，希望表格显示在页面的中间位置，这样会使页面显得对称，浏览效果较好，这时候就需要对表格设置居中对齐。

（3）左对齐、右对齐。如果对表格设置左对齐或者右对齐，表格会显示在页面的左侧或者右侧，其他内容会自动排列在表格旁边的空白位置。

表格的左对齐和右对齐在网页应用中相对比较少，一般用于显示广告，如网页中常见的画中画广告等。

（4）单元格对齐。除了表格可以设置对齐方式外，单元格也同样可以设置对齐方式，单元格对齐则分为水平对齐和垂直对齐两个方向。水平对齐与垂直对齐的属性及取值，如表 2-4 所示。

表 2-4　单元格的对齐方式

属　　性	值	说　　明
align （水平对齐方式）	left	左对齐
	center	居中对齐
	right	右对齐
valign （垂直对齐方式）	top	顶端对齐
	middle	居中对齐
	bottom	底端对齐
	baseline	基线对齐

例如，通过下面的代码，将单元格的对齐方式改为水平右对齐、垂直底端对齐。

```
<table width="500" cellpadding="0" cellspacing="0" border="1">
    <tr>
        <td align="right" valign="bottom">……</td>
        <td>……</td>
    </tr>
</table>
```

在实际的开发过程中，表格的对齐方式通常会使用 CSS 样式表进行控制，使用属性进行对齐控制的场合比较少。

2.3 表单

表单在网页中应用比较广泛，如申请电子邮箱，用户需要首先填写注册信息，然后才能提交申请。又如希望登录邮箱收发电子邮件，也必须在登录页面中输入用户名及密码才能进入邮箱，这就是典型的表单应用。

通俗地讲，表单就是一个将用户信息组织起来的容器。网页将需要用户填写的内容放置在表单容器中，当用户单击"提交"按钮的时候，表单会将数据统一发送给服务器。

表单的应用比较常见，典型的应用场景如下：

➤ 登录、注册：登录时填写用户名、密码，注册时填写姓名、电话等个人信息。

➤ 网上订单：在网上购买商品，一般要求填写姓名、联系方式、付款方式等信息。

➤ 调查问卷：回答对某些问题的看法，以便形成统计数据，方便分析。

➤ 网上搜索：输入关键字，搜索想要的可用信息。

为了方便用户操作，表单提供了多种表单元素，如图 2.10 所示的页面中，除了最常见的单行文本框之外，还有密码框、单选按钮、下拉列表框、提交按钮等。图 2.10 所示是人人网用户注册页面，该页面就是由一个典型的表单构成的。

图 2.10 人人网用户注册页面

2.3.1 表单的内容

创建表单后，就可以在表单中放置控件以接收用户的输入。这些控件通常放在

<form>……</form> 标签对之间一起使用，也可以在表单之外用来创建用户界面。在网上"冲浪"时，经常会见到一些常用的控件。例如，让用户输入姓名的单行文本框，让用户输入密码的密码框，让用户选择性别的单选按钮，以及让用户提交信息的提交按钮等。

不同的表单控件有不同的用途。如果要求用户输入的仅仅是一些文字信息，如"姓名""备注""留言"等，一般使用单行文本框或多行文本框；如果要求用户在指定的范围内做出选择，一般使用单选按钮、复选框和下拉列表框，如图 2.10 中"性别""生日"选择等常采用这些控件；如果要把填写好的表单信息提交给服务器，一般使用提交按钮，如图 2.10 中的"立即注册找好友"按钮。除此之外，还有一些不太常用的表单控件，在这里就不一一列举了。

 ## 2.3.2　表单标签及其属性

HTML5 中使用 <form> 标签来实现表单的创建。该标签用于在网页中创建表单区域，属于一个容器标签，其他表单标签需要在它的范围内才有效，<input> 标签便是其中的一个，用以设定各种输入资料的方法。表单标签有两个常用的属性，如表 2-5 所示。

表 2-5　<form> 标签的属性

属　性	说　明
action	此属性指示服务器上处理表单输出的程序。一般来说，当用户单击表单上的提交按钮后，信息发送到 Web 服务器上，由 action 属性所指定的程序处理。语法为 action = "URL"。如果 action 属性的值为空，则默认将单提交到本页
method	此属性告诉浏览器如何将数据发送给服务器，它指定向服务器发送数据的方法（用 post 方法还是用 get 方法）。如果值为 get，浏览器将创建一个请求，该请求包含页面 URL、一个问号和表单的值。浏览器会将该请求返回给 URL 中指定的脚本进行处理。如果将值指定为 post，表单上的数据会作为一个数据块发送到脚本，而不使用请求字符串。语法为 method = (get | post)

下面制作一个最基本的表单，然后使用 post 方法将表单提交给 "result.html" 页面，代码如示例 7 所示。

示例 7

```
<!DOCTYPE html>
<html>
<head>
<meta charset="utf-8">
<title> 文本框 </title>
</head>
<body>
<form  method="post" action="result.html">
<p> 名字 :<input name="name" type="text" > </p>
```

```
<p> 密码 :<input name="pass" type="password" > </p>
<p>
    <input type="submit" name="Button" value=" 提交 ">
    <input type="reset" name="Reset" value=" 重填 ">
</p>
</form>
</body>
</html>
```

在浏览器中查看示例 7 的页面效果，如图 2.11 所示。

图 2.11　简单的表单

在示例 7 中，若把 method="post" 改为 method="get"，就变成了使用 get 方法将表单提交给 "result.html" 页面处理。这两种方法都是将表单数据提交给服务器上指定的程序进行处理，它们有什么区别呢？

先让大家看看采用 post 和 get 方法提交表单信息后浏览器地址栏的变化。

➤　以 post 方式提交表单，在 "名字" 和 "密码" 后分别输入用户名 "lucker" 和密码 "123456"，单击 "提交" 按钮，页面效果如图 2.12 所示。

图 2.12　以 post 方式提交表单

注意：地址栏中的 URL 信息没有发生变化，这就是以 post 方式提交表单的特点。

➤　以 get 方式提交表单，在页面单击 "提交" 按钮，页面效果如图 2.13 所示。

图 2.13　以 get 方式提交表单

采用 get 方法提交表单信息之后，在浏览器的地址栏中，URL 信息会发生变化。仔细观察不难发现，URL 信息中清晰地显示出表单提交的数据内容，即刚刚输入的用户名和密码都完全显示在地址栏中。

通过对比图2.12和图2.13的效果，可以发现post和get两种提交方式之间的区别。
（1）post提交方式不会改变地址栏状态，表单数据不会被显示。
（2）使用get提交方式，地址栏状态会发生变化，表单数据会在URL信息中显示。
所以，基于以上两点区别，post方式提交的数据安全性要明显高于get方式提交的数据。在日常开发中，建议大家尽可能地采用post方式来提交表单数据。

2.3.3 表单元素及格式

在图 2.10 中，可以看到用户注册时需要输入很多注册信息，而装载这些数据的控件，就称为表单元素。有了这些表单元素，表单才会有意义。那么如何在表单中添加表单元素呢？其实添加方法很简单，就是使用 <input> 标签，如示例 7 就使用 <input> 标签实现了向表单添加文本输入框、提交按钮、重置按钮的功能。<input> 标签有很多属性，下面对一些比较常用的属性进行整理，如表 2-6 所示。

表 2-6　<input> 标签的属性

属　　性	说　　明
type	此属性指定表单元素的类型。可用的选项有 text、password、checkbox、radio、submit、reset、file、hidden、image 和 button。默认选择为 text
name	此属性指定表单元素的名称。例如，如果表单上有几个文本框，可以按名称来标识它们，如 text1、text2 等
value	此属性是可选属性，它指定表单元素的初始值。如果 type 为 radio，则必须指定一个值
size	此属性指定表单元素的初始宽度。如果 type 为 text 或 password，则表单元素的大小以字符为单位。对于其他输入类型，宽度以像素为单位
maxlength	此属性用于指定可在 text 或 password 元素中输入的最大字符数。默认值为无限大
checked	此属性指定按钮是否是被选中的。当输入类型为 radio 或 checkbox 时，使用此属性

到目前为止，大家已经知道了如何在页面中添加表单，也掌握了如何向表单添加表单元素，那么这么多表单元素都该如何使用呢？下面选取几个常用的表单元素，来逐一学习其类型及常用的属性。

1. 文本框

在表单中最常用、最常见的表单输入元素就是文本框（text），它用于输入单行文本信息，如用户名的输入框。若要在文档的表单里创建一个文本框，将表单元素 type 属性设为 text 就可以了。

</head>
<body>
<form method="post" action="">
<p> 名   字：
        <input type="text" name="fname">
</p>
<p> 姓   氏：
        <input name="lname" value=" 张 " type="text">
</p>
<p> 登录名：
        <input name="sname" type="text" size="30">
</p>
</form>
</body>
</html>
```

在示例 8 的代码中还分别使用 size 属性和 value 属性对登录名的长度及姓氏的默认值进行了设置。在浏览器中查看示例 8 的页面效果，如图 2.14 所示。

图 2.14　文本框的效果

在文本框控件中输入数据时，还可以使用 maxlength 属性指定输入的数据长度。例如，登录名的长度不得超过 20 个字符，代码如下：

```
<p> 登录名：
        <input name="sname" type="text" size="30" maxlength="20">
</p>
```
```

上面代码的设置结果是，文本框显示的长度为 30，而允许输入的最多字符个数为 20。对于 size 属性和 maxlength 属性的作用一定要能够严格地进行区分。size 属性用于指定文本框的长度，而 maxlength 属性用于指定文本框输入的数据长度，这就是二者的区别。

2. 密码框

在一些特殊情况下，用户希望输入的数据被处理，以免被他人得到，如密码。这时候使用文本框就无法满足要求，需要使用密码框来完成。

密码框与文本框类似，区别在于需要将控件的 type 属性设为 password。设置了 type 属性后，在密码框输入的字符全都以黑色实心的圆点来显示，从而实现了对数据的隐藏。

🪨 示例 9

```
<!DOCTYPE html>
<html>
<head>
<meta charset="utf-8">
<title> 密码框 </title>
</head>
<body>
<form  method="post" action="">
<p> 用户名 :<input name="name" type="text" size="21"> </P>
<p> 密     码 :
  <input name="pass" type="password" size="22">
</p>
</form>
</body>
</html>
```

运行示例 9 的代码，在页面中输入密码"123456"，页面显示效果如图 2.15 所示。

图 2.15　密码框的效果

密码框能保证输入数据的安全吗？不能，密码框仅能使周围的人看不见输入的符号，并不能保证输入的数据安全。为了使数据安全，应该加强人为管理，采用数据加密技术等。

3. 单选按钮

单选按钮控件用于选择一组相互排斥的值，组中的每个单选按钮控件应具有相同的名称，用户一次只能单击一个单选按钮。只有从组中单击选按钮才会在提交的数据中提交对应的数值。在使用单选按钮时，需要一个显式的 **value** 属性。

示例 10

```
<!DOCTYPE html>
<html>
<head>
<meta charset="utf-8">
<title> 单选按钮 </title>
</head>
<body>
<form  method="post" action="">
性别：
    <input name="gen" type="radio" class="input" value= "男 " > 男  
    <input name="gen" type="radio" value=" 女 " class="input"> 女
</form>
</body>
</html>
```

运行示例 10 的代码，在浏览器中预览效果，如图 2.16 所示。

如果希望在页面加载单选按钮时有一个默认的选项，那么可以使用 checked 属性。例如，性别选项默认选中为"男"，则修改代码如下：

```
<input name="gen" type="radio" class="input" value=" 男 " checked="checked"> 男
```

此时，再次运行示例 10，则页面效果如图 2.17 所示。

图 2.16　单选按钮效果

图 2.17　使用 checked 属性设置默认选项

4. 复选框

复选框与单选按钮有些类似，只不过复选框允许用户勾选多个选项。复选框的类型是 **checkbox**，即将表单元素的 **type** 属性设为 **checkbox** 就可以创建一个复选框。复选框的命名与单选按钮有些区别，既可以多个复选框选用相同的名称，也可以各自具有不同的名称，关键是看如何使用复选框。用户可以勾选某个复选框，也可以取消勾选。一旦用户勾选了某个复选框，在表单提交时，会将该复选框的 name 值和对应的 value 值一起提交。

示例 11

```
<!DOCTYPE html>
<html>
<head>
<meta charset="utf-8">
<title>checkbox</title>
</head>
<body>
<form method="post" action="">
  爱好：
  <input type="checkbox" name="interest" value="sports"> 运动
  <input type="checkbox" name="interest" value="talk"> 聊天
  <input type="checkbox" name="interest" value="play"> 玩游戏
</form>
</body>
</html>
```

运行示例 11 的代码，在浏览器中预览效果，如图 2.18 所示。

与单选按钮一样，复选框也可以设置默认选项，同样使用 checked 属性进行设置。例如，将爱好中的"运动"选项默认选中，则代码修改如下：

```
<input type="checkbox" name="cb1" value="sports" checked="checked"> 运动
```

运行效果如图 2.19 所示。

图 2.18　复选框效果

图 2.19　设置默认勾选的复选框

>> 经验总结

　　单选按钮应具有相同的名称，便于互斥选择；而复选框的名称则要根据应用环境来确定是否相同。通常情况下，如果选项之间是并列关系，就需要设置为相同的名称，以便能够同时获取，例如兴趣爱好。一个人可以有多个兴趣爱好，这样复选框设置相同名称，在提交数据时能够一次性得到所有选择的兴趣爱好选项，否则，每个选项都需要单独进行读取，从而降低了效率。

5. 下拉列表框

下拉列表框主要是为了用户快速、方便、正确地选择一些选项，并且节省页面空间，它是通过 <select> 标签和 <option> 标签来实现的。<select> 标签用于显示可供用户选择的下拉列表，每个选项由一个 <option> 标签表示，<select> 标签必须包含至少一个 <option> 标签。相关代码如下：

```
<select name=" 指定列表名称 " size=" 行数 ">
    <option value=" 可选项的值 " selected="selected">……</option>
    <option value=" 可选项的值 ">……</option>
</select>
```

其中，在有多条选项可供用户滚动查看时，size 确定列表中可同时看到的行数；selected 表示该选项在默认情况下是被选中的，而且一个下拉列表框中只能有一个列表项默认被选中，如同单选按钮组那样。

示例 12

```
<!DOCTYPE html>
<html>
<head>
<meta charset="utf-8">
<title> 下拉列表框 </title>
</head>
<body>
出生日期：
<input name="byear" value="yyyy" size="4" maxlength="4">   年
  <select name="bmon">
    <option value="">[ 选择月份 ]</option>
    <option value="1"> 一月 </option>
    <option value="2"> 二月 </option>
    <option value="3"> 三月 </option>
    <option value="4"> 四月 </option>
    <option value="5"> 五月 </option>
    <option value="6"> 六月 </option>
    <option value="7"> 七月 </option>
    <option value="8"> 八月 </option>
    <option value="9"> 九月 </option>
    <option value="10"> 十月 </option>
    <option value="11"> 十一月 </option>
```

```
        <option value="12"> 十二月 </option>
    </select> 月  
    <input name="bday" value="dd" size="2" maxlength="2" > 日
</form>
</body>
</html>
```

运行示例 12 的代码，在浏览器中预览效果，如图 2.20 所示。

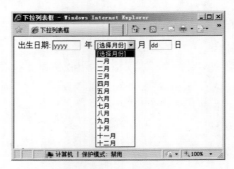

图 2.20　列表框效果

下拉列表框中添加的 option 选项会按照顺序进行排列，但是如果希望其中某个选项默认显示，就需要使用 selected 属性来进行设置。例如，让月份默认显示"十月"，则相应代码修改如下：

```
<option value="10" selected="selected"> 十月 </option>
```

设置了 selected 属性后，则下拉列表框会默认显示"十月"，如图 2.21 所示。

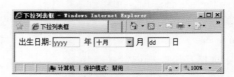

图 2.21　设置下拉列表框的默认显示

6. 按钮

按钮在表单中经常用到，在 HTML5 中按钮分为三种，分别是普通按钮（button）、提交按钮（submit）和重置按钮（reset）。普通按钮主要用来响应 onclick 事件，提交按钮用来提交表单信息，重置按钮用来清除表单中已填信息。相关代码如下：

```
<input type="reset" name="Reset" value=" 重填 ">
```

其中，type="button" 表示普通按钮；type="submit" 表示提交按钮；type="reset" 表示重置按钮。name 用来给按钮命名，value 用来设置显示在按钮上的文字。

示例 13

```
<!DOCTYPE html>
<html>
<head>
<meta charset="utf-8">
<title> 按钮 </title>
</head>
<body>
<form method="post" action="">
<p> 用户名 :<input name="name" type="text"> </p>
<p> 密      码 :
   <input name="pass" type="password">
</p>
<p>
   <input  type="reset" name="butReset" value="reset 按钮 ">
   <input  type="submit" name="butSubmit" value="submit 按钮 ">
   <input  type="button" name="butButton" value="button 按钮 "
                    onclick="alert(this.value)">
</p>
</form>
</body>
</html>
```

运行示例 13 的代码，在浏览器中预览效果，如图 2.22 所示。

图 2.22　按钮预览效果

针对示例 13 中的按钮，各自的作用是不同的，区别如下：

（1）reset 按钮：用户单击该按钮后，不论表单中是否已经填写或输入数据，表单中各表单元素都会被重置到最初状态，而填写或输入的数据将被清空。

（2）submit 按钮：用户单击该按钮后，表单将会提交到 action 属性所指定的 URL，并传递表单数据。

（3）button 按钮：属于普通的按钮，需要与事件关联使用。示例 13 的代码中为普通按钮添加了一个 onclick 事件，当用户单击该按钮时，将会显示该按钮的 value 值，页面效果如图 2.23 所示。

图 2.23　普通按钮的 onclick 事件

onclick 事件是表单元素被单击时所激发的事件，并只限于按钮。在事件中可以调用相应的脚本代码，执行一些特定的客户端程序。

有时候，在页面使用按钮，显示的样式不美观，所以在实际开发过程中，往往会使用图片按钮来代替，如图 2.24 所示。

图 2.24　图片按钮的效果

实现图片按钮的效果有多种方法，比较简单的方法就是配合使用 type 和 src 属性，代码如下：

```
<input type="image" src="images/login.gif" />
```

注意　这种方式实现的图片按钮比较特殊，虽然type属性没有设置为"submit"，但仍然具备提交功能。

7. 多行文本域

当需要在网页中输入两行或两行以上的文本时，怎么办？显然，前面学过的文本框及其他表单元素都不能满足要求，这就应该使用多行文本框，它使用的标签是 <textarea>。相关代码如下：

```
<textarea  name="textarea" cols=" 显示的列的宽度 " rows=" 显示的行数 ">
    文本内容
</textarea>
```

其中，cols 属性用来指定多行文本框的列的宽度；rows 属性用来指定多行文本框的行数。在 **<textarea>**……**</textarea>** 标签对中不能使用 value 属性来赋初始值。

示例 14

```
<!DOCTYPE html>
<html>
<head>
<meta charset="utf-8">
<title> 文本域 </title>
</head>
<body>
<form method="post" action="">
<H4> 填写个人评价 </H4>
<p>
  <textarea  name="textarea" cols="40" rows="6">
      自信、活泼、善于思考……
  </textarea>
</p>
</form>
</body>
</html>
```

运行示例 14 的代码，在浏览器中预览效果，如图 2.25 所示。

图 2.25　多行文本框效果

8.　文件域

文件域用于实现文件的选择，在应用时只需把 type 属性设为 "file" 即可。在实际应用中，文件域通常应用于文件上传的操作，如选择需要上传的文本、图片等。

⚓ 示例 15

```
<!DOCTYPE html>
<html>
<head>
<meta charset="utf-8">
<title> 文件域 </title>
</head>
<body>
<form action="" method="post" enctype="multipart/form-data">
  <p><input type="file" name="files" /><br/>
  <input type="submit" name="upload" value=" 上传 " /></p>
</form>
</body>
</html>
```

运行示例 15 的代码，在浏览器中预览效果，如图 2.26 所示。

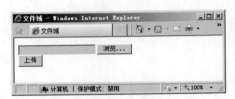

图 2.26　文件域

如图 2.26 所示，文件域会创建一个不能输入内容的地址文本框和一个"浏览"按钮。单击"浏览"按钮，将会弹出"选择要加载的文件"对话框，选择文件后，路径将显示在地址文本框中，执行的效果如图 2.27 所示。

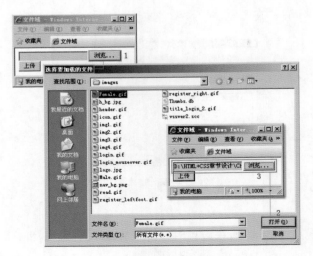

图 2.27　文件域与上传操作

在使用文件域时，需要特别注意的是包含文件域的表单，由于提交的表单数据包括普通的表单数据、文件数据等多部分内容，因此必须设置表单的"enctype"编码属性为"multipart/form-data"，这表示将表单数据分为多部分提交。

实 战 案 例

实战案例 1——制作树形菜单页面

◢ 需求描述

模拟"我的电脑"中的磁盘文件管理，显示磁盘与文件夹之间的关系，完成效果如图 2.28 所示。

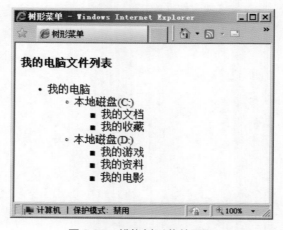

图 2.28　模拟树形菜单页面

◢ 技能要点

➤ 以 <ul> 标签来实现。

➤ 以 <li> 标签表示列表项。

◢ 实现思路

➤ 以 <ul> 标签和 <li> 标签来实现上述无序列表样式。

实战案例 2——制作模拟考试试卷页面

◢ 需求描述

模拟考试试卷选择题的题型格式，使用有序列表完成模拟试卷，完成效果如图 2.29 所示。

◢ 技能要点

➤ 以 <ol> 标签来实现。

➤ 以 <li> 标签表示列表项。

实现思路

以 <ol> 标签和 <li> 标签来实现上述有序列表样式。

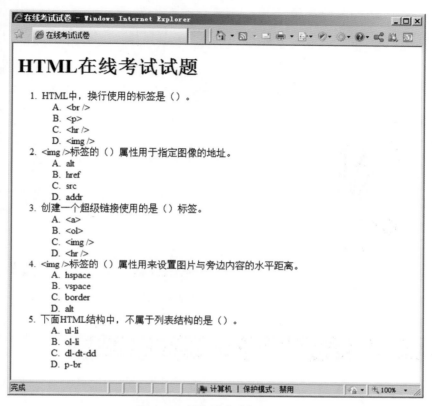

图 2.29　模拟试卷选择题页面

实战案例 3——制作易趣网商品列表页面

需求描述

使用定义列表制作易趣网商品列表页面，页面效果如图 **2.30** 所示。

技能要点

➢ 以 <dl> 标签来实现。

➢ 以 <dt> 标签定义列表项。

➢ 以 <dd> 标签定义内容。

实现思路

把图片作为商品的标题性内容放在 <dt> 标签中，把价格和商品的简单介绍放在 <dd> 标签中。

图 2.30　易趣网商品列表页面

实战案例 4——制作淘宝店铺列表页面

需求描述

制作如图 2.31 所示的淘宝店铺列表页面。

图 2.31　淘宝店铺列表页面

技能要点

➢ 学会使用表格。

➢ 掌握表格、单元格常用属性的用法。

➢ 学会使用表格嵌套制作页面。

实现思路

➢ 构建网页结构，分析表格的嵌套关系。

➢ 合理地对表格进行嵌套。

➢ 对需要合并的单元格进行合并。

➢ 设置单元格内文本的对齐方式。

➢ 在单元格内插入内容。

实战案例 5——制作新浪微博页面

需求描述

制作如图 2.32 所示的新浪微博首页。

图 2.32　新浪微博首页

技能要点

➢ 学会使用表格。

➢ 掌握表格、单元格常用属性的用法。

➢ 学会使用表格嵌套制作页面。

实现思路

➢ 构建网页结构,分析表格的嵌套关系。

➢ 合理地对表格进行嵌套。

➢ 对需要合并的单元格进行合并。

➢ 设置单元格内文本的对齐方式。

➢ 在单元格内插入内容。

实战案例 6——制作网易邮箱登录页面

需求描述

制作如图 2.33 所示的网易邮箱登录页面。

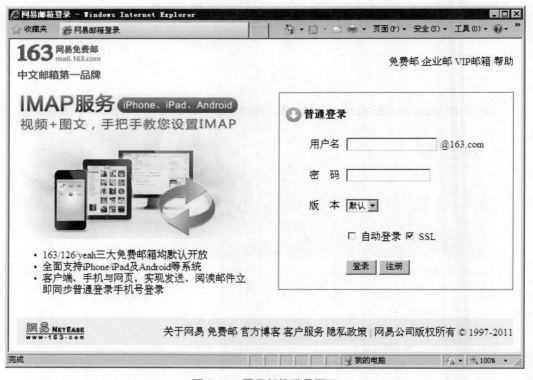

图 2.33 网易邮箱登录页面

技能要点

➢ 学会使用表格布局表单。

➢ 学会常见表单元素的创建方法。

实现思路

> ➤ 首先应当使用表格来制作页面的整体布局，在表格内插入图片、文本等内容。
> ➤ 在登录区域，插入一个表格，设置边框、填充，然后在表格内插入一个表单。
> ➤ 在表单中，再插入表格来控制表单元素的显示位置。
> ➤ 页面中用到的表单元素有单行文本框、密码框、下拉列表框、复选框、提交按钮和普通按钮。

实战案例 7——制作阿里巴巴会员注册页面

📑 需求描述

> ➤ 制作如图 2.34 所示的阿里巴巴会员注册页面。
> ➤ 电子邮箱、登录名、密码最多能容纳的字符数是 32 个,验证码最多能容纳 5 个字符。
> ➤ 默认情况下，会员身份中的"买家"处于选中状态。
> ➤ 提交按钮使用课工场 UI/UE 学院 kgc.cn/uiue 提供的本章素材中相应的图片代替。

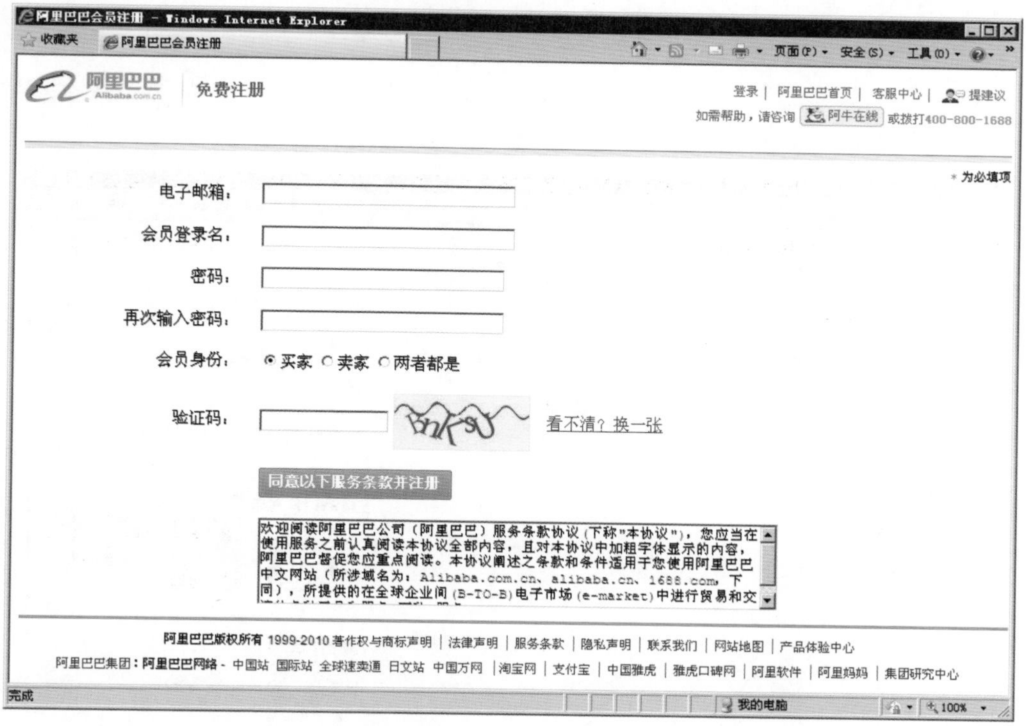

图 2.34 阿里巴巴会员注册页面

📑 技能要点

> ➤ 学会使用表格布局表单。
> ➤ 学会常见表单元素的创建方法。

实现思路

➢ 构建网页结构，分析表格的嵌套关系，制作使用表格布局的页面。

➢ 在注册表单所在的位置插入表单。

➢ 在表单内插入表格，用来容纳文本及表单元素。

➢ 在对应的单元格内插入表单元素。

难点提示

➢ 会员身份中的单选按钮名称必须相同，单选按钮的默认选中状态可以在"属性"面板中进行设置，或者在"代码"视图下添加 checked 属性。

➢ 图片按钮使用 type 和 src 属性来实现。

实战案例 8——制作人人网注册页面

需求描述

➢ 制作如图 2.35 所示的人人网注册页面。

➢ 注册邮箱、密码、姓名和验证码最多能容纳的字符数分别是 50 个、16 个、8 个和 5 个。

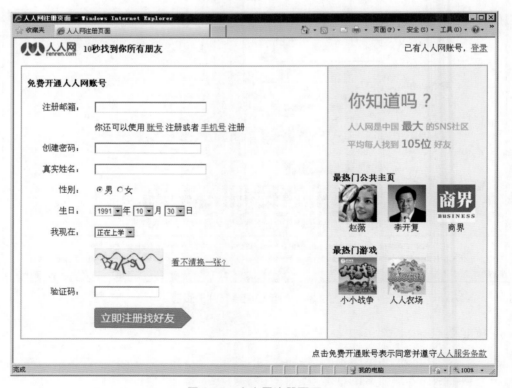

图 2.35 人人网注册页面

> ➤ 默认情况下，性别中的"男"处于选中状态。
> ➤ 生日下拉列表框中的"1991 年 10 月 30 日"处于选中状态。
> ➤ 提交按钮使用课工场 UI/UE 学院 kgc.cn/uiue 提供的本章素材中相应的图片代替。

⛏ 技能要点

> ➤ 学会使用表格布局表单。
> ➤ 学会常见表单元素的创建方法。

⛏ 实现思路

> ➤ 构建网页结构，分析表格的嵌套关系，制作使用表格布局的页面。
> ➤ 在注册表单所在的位置插入表单。
> ➤ 在表单内插入表格，用来容纳文本及表单元素。
> ➤ 在对应的单元格内插入表单元素。

本 章 总 结

↘ 有序列表、无序列表、定义列表的概念及其应用。

↘ 使用表格实现数据展示的方法。

↘ 表单标签及其属性。

↘ 使用表单元素布局表单的方法。

学习笔记

本章作业

选择题

1. （   ）可以设置有序列表的排列顺序为数字。

    A. a   B. A   C. I   D. 不设置type属性

2. （   ）不是无序列表type的属性值。

    A. disc   B. square   C. solid   D. circle

3. 要在新窗口中打开链接，<a>中需要选用属性（   ）。

    A. target="_top"   B. target="_parent"

    C. target="_blank"   D. target="_self"

4. （   ）标签用于在网页中创建表单。

    A. <input>   B. <select>   C. <option> D. <form>

5. 下列说法错误的是（   ）。

    A. 密码框需要设置<input>标签type="password"

    B. 图形提交按钮也需要设置type="submit"

    C. 提交方法post比get更安全

    D. value属性表示设置初始值，它可能会随着用户的操作而改变，以提交时为准

6. 下面说法正确的是（   ）（选择两项）。

    A. 文件域所传的内容较复杂，代码需要设为enctype="multipart/form-data"

    B. 复选框各个选项的name属性必须设置为相同值

    C. readonly属性表示是否禁用

    D. 为了实现性别判断需要用两个单选按钮，name可分别设置为"男"和"女"

7. 列表框的默认选择属性符合规范的正确写法为（   ）。

    A. selected="selected"   B. selected

    C. checked="checked"   D. selected="true"

简答题

1. 无序列表、有序列表和定义列表适用的场合分别是什么？

2. 学习W3school网站（可以搜索百度得到其网址）中HTML5的声音<audio>、视频<video>和画布<canvas>相关内容，尝试编写代码，在网页中制作音视频和画布等。

3. 制作百度知道页面中的"品牌全知道"版块，页面效果如图2.36所示。

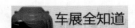

品牌全知道

- 理肤泉敏感全知道
- 薇姿健康肌肤全知道
- 中信银行全知道
- Windows7全知道
- 海信电视全知道
- 多美滋全知道
- 三星手机全知道

图 2.36　"品牌全知道"版块

4. 用<iframe>实现对顶部及底部的重用，效果如图2.37所示。

图 2.37　贵美商城购物车页面

5. 制作如图2.38所示的网易邮箱注册页面，要求如下：

（1）性别中的"男"默认为选中状态。

（2）出生日期中的"1991年10月30日"默认为选中状态。

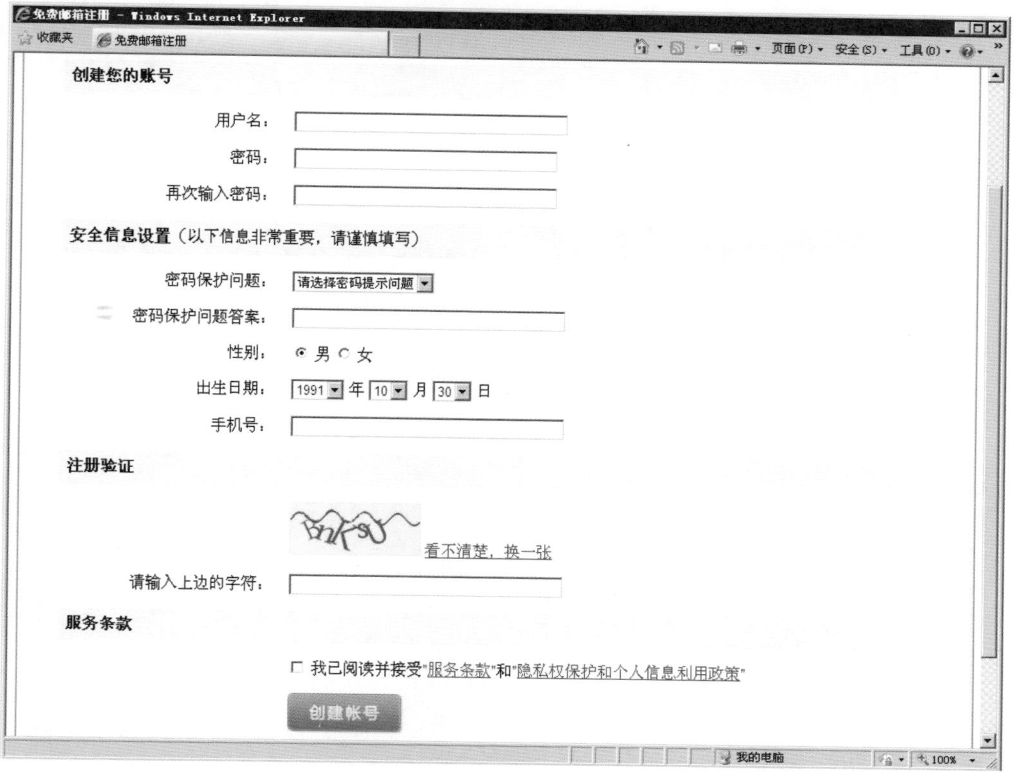

创建您的账号

用户名：

密码：

再次输入密码：

安全信息设置（以下信息非常重要，请谨慎填写）

密码保护问题：　请选择密码提示问题 ▾

密码保护问题答案：

性别：　⦿ 男　〇 女

出生日期：　1991 ▾ 年 10 ▾ 月 30 ▾ 日

手机号：

注册验证

看不清楚，换一张

请输入上边的字符：

服务条款

☐ 我已阅读并接受"服务条款"和"隐私权保护和个人信息利用政策"

创建帐号

图 2.38　网易邮箱注册页面

▶▶作业讨论区

　　访问课工场 UI/UE 学院：kgc.cn/uiue（教材版块），欢迎在这里提交作业或提出问题，你将有机会跟课工场的专家以及共同学习本书的小伙伴一起探讨切磋！

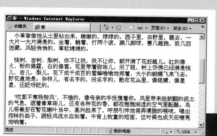

CSS3样式及UI设计FAQ

● 本章目标

完成本章内容的学习以后，您将：

▶ 掌握样式表的创建方法。

▶ 掌握文本常用格式的设置方法。

▶ 掌握背景的设置方法。

● 本章素材下载

▶ 请访问课工场UI/UE学院：kgc.cn/uiue
（教材版块）下载本章需要的案例素材。

▓ 本章简介

经过前面章节的学习，大家现在已经可以制作出常见的网页布局，但观察制作的网页发现仍有许多不完美之处，如暂时无法设置字体名称、大小和颜色，无法为页面元素设置背景图像等。接下来我们将一起学习如何通过 CSS3 来美化网页，使页面更加漂亮、吸引人。

本章主要讲解如何创建 CSS3 样式，以及如何设置字体的颜色、大小等属性，最后还将学习如何为网页中的元素设置背景色以及背景图像。

理 论 讲 解

3.1　百度简介

参考视频
CSS3 样式及 UI 设计 FAQ

◉ 完成效果

百度简介页面完成的效果如图 3.1 所示。

图 3.1　百度简介页面

◉ 技能分析

在如图 3.1 所示的页面中，部分文字呈浅蓝色、绿色和灰色，不再是默认的黑色，内容标题"公司介绍"呈黑体，同时段落中文字的行高也发生了改变，因此这里需要对网页进行美化。

CSS3 是 W3C 组织提出的一个标准，通过在页面中使用 CSS3 可以制作非常漂亮的网页。那么，什么是 CSS3 呢？接下来看一下 CSS3 的基本概念，以及如何通过 CSS3 来控制网页中的字体。

 3.1.1　CSS3简介

1. 什么是 CSS3

CSS 是 Cascading Style Sheets 的缩写，一般被翻译为"层叠样式表"，简称"样式表"。CSS 是专门用于网页格式控制的规则，可以非常方便地用来控制网页的外观。通过使用 CSS 样式设置页面的格式，可以将页面的内容与表现形式相分离。现在 CSS3 是最高版本，所以本书以 CSS3 进行讲解。前面已经学过，页面的内容存放在 HTML5 文档中，而用于定义表现形式的 CSS3 规则可以存放在另外一个文件中或者 HTML5 文档的某一部分中，CSS3 规则通常存放在网页的 <head> 标签内。

2. 为什么使用 CSS3

CSS3 除了可以协助我们完成大部分网页美化工作外，同时，由于样式存放在单独的文件或者 <head> 标签内，而内容存放在 <body> 标签内，因此 CSS3 还做到了内容与表现形式的分离，CSS3 的神奇之处就在于此。网页开发者们甚至只需要修改短短的几行代码，就可以使整个网页外观发生翻天覆地的变化。使用 CSS3 不仅使维护站点的外观更加容易，而且使 HTML5 文档代码更加简练，从而缩短浏览器的加载时间。

使用 CSS3 具有如下突出优势：

（1）实现内容和样式的分离，利于团队开发。样式美化可以由美工人员负责，而软件开发人员可主要负责页面内容的开发。

（2）实现样式复用，提高开发效率。同一网站的多个页面可以共用同一个样式表，这既提高了网站的开发效率，又方便对网站的更新和维护。如需要更新网站外观，则只需要更新网站的样式表文件即可。

（3）实现页面的精确控制。CSS3 具有强大的样式控制能力和排版能力。CSS3 包含文本（含字体）、背景、列表、超链接、外边距等各类丰富的样式，可以实现各种复杂、精美的页面效果。

（4）更利于搜索引擎的收录。内容和样式分离会减少页面中 HTML5 的代码量，使得页面结构更加突出，更利于搜索引擎有效地收录页面。

 3.1.2　在Dreamweaver中创建CSS3

Dreamweaver 对 CSS3 的支持非常完善，通过 Dreamweaver 提供的可视面板即可完成复杂的 CSS3 样式的创建。接下来一起看一下与 CSS3 相关的面板，以及如何在 Dreamweaver 中创建 CSS3。

1. 标签导航器

由于网页是由 HTML5 标签组成的，因此如果希望为网页中某一部分内容设置样式，首先要选中对应的标签，然后添加样式。

Dreamweaver 中的标签导航器可以为我们提供很大的方便。单击要设置样式的位置，在标签导航器中可以看到当前位置对应的所有标签，如图 3.2 所示。

图 3.2　标签导航器

在图 3.2 所示的界面中，如果希望选中文字所在的 <td> 标签，只需要单击标签导航器中的最后一个 <td>，如果希望选中它的上级标签，也只需要单击相应的标签即可。如图 3.3 所示的界面，选中了 <td> 标签就表示选中了当前文字所在的单元格。

图 3.3　选中标签

2. CSS3 选择器

CSS3 中的选择器用来表示 HTML5 页面中标签的选取规则，符合条件的标签将会显示对应的样式。CSS3 选择器可以分为标签选择器、ID 选择器和类选择器。本章主要学习类选择器及标签选择器的用法，后续的章节中将会具体介绍其他选择器。

CSS3 中的类选择器是使用 ".选择器名称" 来表示的，其中，选择器名称可以由英文字符、数字、下划线和 "-" 组成，但不可以以数字开头。例如，.red、.box、.t-head、.side_title 都是合法的类选择器名称，而 .800box 是非法的。在定义好类选择器之后，页面中的任何标签都可以引用该类。

标签选择器是直接使用标签的名称来表示的，如 body、p 等。定义好标签选择器之后，页面的所有标签都会具有该样式。

 注意 由于只需要定义好选择器就可以在页面的多个地方引用该类或标签，因此在一定程度上提高了代码的重用率，而且，当希望修改页面中此类标签的样式时，只需要修改CSS3选择器里面定义的样式就可以了。选择器的优势就表现在这里。

3. CSS3 "属性" 面板

默认情况下，"属性"面板都是针对 HTML5 元素显示的，当需要设置 CSS3 样式的时候，还需要将"属性"面板切换到 CSS3 模式，在"属性"面板中单击下面的 CSS 按钮即可将"属性"面板切换到 CSS3 模式，如图 3.4 所示。

在 CSS3 "属性"面板中，可以看到当前页面定义的 CSS3 规则以及 "编辑规则" 等按钮，通过 "属性" 面板可以非常方便地创建或修改标签的样式。

图 3.4　CSS3 "属性" 面板

3.1.3　CSS3样式

1. 如何创建 CSS3 样式

了解了选择器的用法之后，接下来就可以创建 CSS3 样式了。选择要设置的标签，在 CSS3 "属性" 面板中，将 "目标规则" 设置为 "< 新 CSS 规则 >"，然后单击 "编辑规则" 按钮，弹出 "新建 CSS 规则" 对话框，在该对话框中可以输入所要创建的 CSS3 类选择器，如图 3.5 所示。单击"确定"按钮，即可调出该类样式的"规则定义"对话框。在该对话框中，可以对选择器的样式进行定义，如图 3.6 所示。

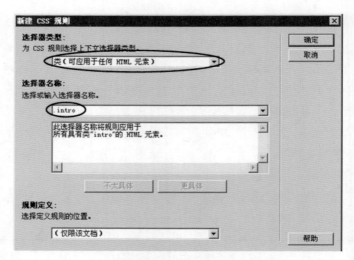

图 3.5 "新建 CSS 规则"对话框

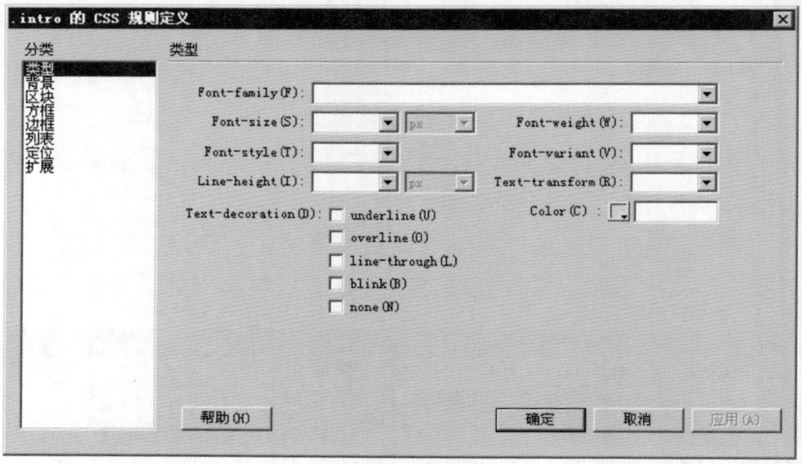

图 3.6 定义 CSS3 规则

在"规则定义"对话框中设置相应的样式之后，单击"确定"按钮，即为新建的选择器定义了相应的规则，同时，所选的标签也自动应用了该规则，对应的规则在"属性"面板中的"目标规则"中可以看到，如图 3.7 所示。

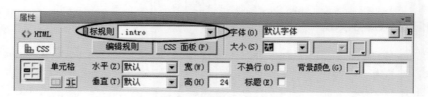

图 3.7 CSS3"属性"面板

如果在制作过程中需要对选择器样式进行修改，可以随时单击"属性"面板中的"编辑规则"按钮对其进行编辑。

注意　如果在"设计"视图下，直接选中一段文字，然后为这段文字设置样式，Dreamweaver会自动为这段文字添加一个<span>标签，设置的样式也是针对该标签进行的。

2. 样式表的基本结构

在图 3.6 所示的对话框中可以看到，CSS3 的属性可以分为八大类，分别为"类型""背景""区块""方框""边框""列表""定位"和"扩展"，在这些分类中，可以找到几乎全部要设置的 CSS3 效果。

下面来看一下 CSS3 的基本结构。在"规则定义"对话框面板中设置 Font-size 的值为 24px，Color 选择灰色，单击"确定"按钮，可以看到设置样式的单元格内的文字变成了 24px 大小的灰色字体，如图 3.8 所示。

图 3.8　设置文字大小

CSS3 在 HTML5 代码中是如何工作的呢？切换到"代码"视图，可以看到在 HTML5 的 <head> 内部生成了下面的代码。

```
<style type="text/css">
.intro {
    font-size: 24px;
    color: #999999;
}
</style>
```

这就是本章所要学习的样式表。从上面的代码中可以看到，样式表是用 <style> 标签来表示的，<style> 标签内部包括选择器声明以及选择器的属性和属性值。其中，选择器的属性代码段使用"{"和"}"括起来，属性和属性值之间使用冒号分隔，以分号结束。

3. 类样式的调用

除了在 <head> 区域生成了定义的样式之外，如果使用的是类选择器，还可以在当前操作的标签处找到类似下面的代码。

……

    <td class="intro">……</td>

……

<td> 标签内的"class="intro""说明该标签使用了类样式".intro"。

 从这段代码可以看出，类样式的调用是直接在标签上使用class属性来实现的，对于class的值，填写所要调用的类选择器名称即可，无须带"."。

 3.1.4 字体样式

字体美化是网页美化的重要环节，前面已经了解了样式表的创建方法，下面来看如何具体地设置字体相关的样式。

字体相关的样式一般位于 CSS3"规则定义"对话框中的"类型"分类中，其中，比较常用样式见表 3-1。

表 3-1　字体相关的样式

分　类	属性名称	含　义
类型	font-family	字体名称
	font-size	字体大小
	color	字体颜色
	line-height	行高

1. 字体名称

大多数情况下，网页中的文字使用默认字体就可以了，但是有时为了美观，网页中的全部或者部分文字需要设置成其他字体，这时就要用到字体名称属性。

字体名称对应的属性为 font-family。选中需要设置的标签，为其添加一个名为 .lishu 的类样式，单击"确定"按钮，在弹出的 CSS3"规则定义"对话框中找到"类型"→Font-family，在该项目后面选择字体列表中字体名称或者手工输入字体名称即可，如图 3.9 所示。

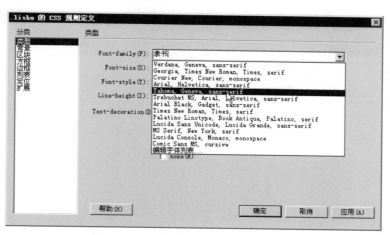

图 3.9 设置字体名称（1）

需要注意的是，CSS3 允许设置多个字体名称，浏览器会自动根据用户操作系统是否安装了该字体来决定最终显示的字体。当为选择器设置了字体为"隶书"之后，单击"确定"按钮，可以看到被设置的字体变成了隶书显示，如图 3.10 所示。

图 3.10 设置字体名称（2）

切换到"代码"视图，查看生成的样式表，可以看到样式表中多出了下面的一段代码。

```
.lishu {
    font-family: " 隶书 ";
}
```

2. 字体大小

字体大小对应的属性为 font-size。在 CSS3 "规则定义"对话框中找到"类型"→ Font-size，在该项目后面选择或者输入字体的大小即可，如图 3.11 所示。

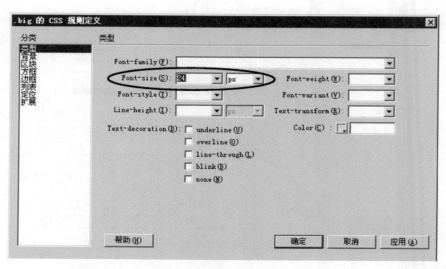

图 3.11　设置字体大小（1）

经过上面的操作，可以看到，对应的字体字号变成了 **24px**，如图 **3.12** 所示。

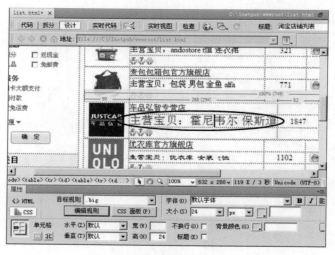

图 3.12　设置字体大小（2）

经过上面的设置，可以看到 CSS3 中生成了下面的代码。

```
.big {
    font-size: 24px;
}
```

font-size 可以用在任意场合，如 **<h1>** ～ **<h6>** 标签、**<strong>** 标签等。如图 **3.13** 所示的页面中，有一个 **<h1>** 标签，我们可以通过设置 CSS3 中的 **font-size** 来使该标签的字体大小变成 **16px**，如图 **3.14** 所示。

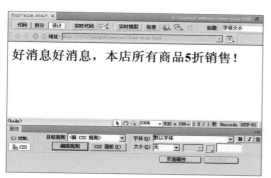

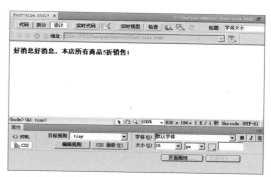

图 3.13　<h1> 标签的默认字体大小　　　　图 3.14　通过 CSS3 设置 <h1> 标签的字体大小

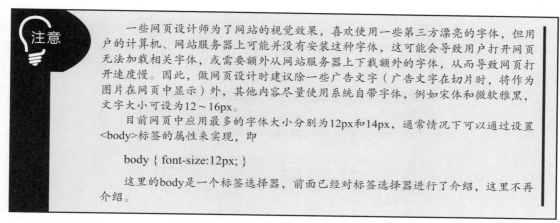

注意

　　一些网页设计师为了网站的视觉效果，喜欢使用一些第三方漂亮的字体，但用户的计算机、网站服务器上可能并没有安装这种字体，这可能会导致用户打开网页无法加载相关字体，或需要额外从网站服务器上下载额外的字体，从而导致网页打开速度慢。因此，做网页设计时建议除一些广告文字（广告文字在切片时，将作为图片在网页中显示）外，其他内容尽量使用系统自带字体，例如宋体和微软雅黑，文字大小可设为 12～16px。

　　目前网页中应用最多的字体大小分别为12px和14px，通常情况下可以通过设置 <body> 标签的属性来实现，即

　　　　body { font-size:12px; }

　　这里的body是一个标签选择器，前面已经对标签选择器进行了介绍，这里不再介绍。

3. 字体颜色

　　在 CSS3 中可以非常方便地为字体设置颜色，字体颜色对应的属性为 color。在 CSS3 "规则定义" 对话框中找到 "类型" → Color，在该项目后面可以选择或者输入所要设置的颜色，如图 3.15 所示。

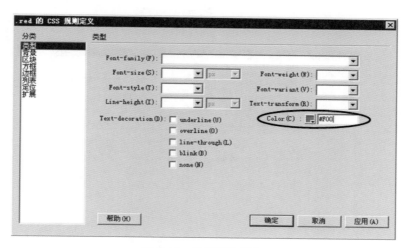

图 3.15　设置字体颜色

经过上面的设置，单击"确定"按钮，可以看到 CSS3 中生成了下面的代码。

```
.red {
    color: #f00;
}
```

在网页制作中，经常用到的字体颜色有 #f00、#00f、#000、#333、#666、#999、#ccc、#ddd、#eee、#fff 等，其中，#f00 为红色，#00f 为蓝色，#000 ~ #fff 为黑色、灰色到白色，颜色依次变浅，这些颜色不要求大家记住，但是记住常用的颜色可以提高网页制作的效率。

4. 行高

为了使页面更美观，有时候需要调整文字的行高。如图 3.16 所示，网页中的文字行与行之间非常紧凑，如果期望调整文字的行高，可以使用 CSS3 中的 line-height 属性来实现。

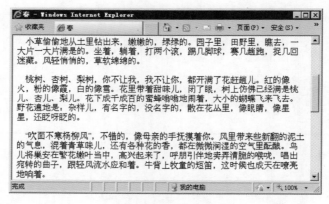

图 3.16　默认行高

在 CSS3 "规则定义"对话框中找到"类型"→ Line-height，在该项目后输入所要设置的行高，如 30px，如图 3.17 所示。

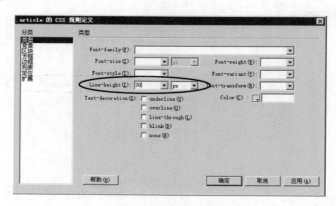

图 3.17　设置行高

经过上面的设置，单击"确定"按钮，可以看到对应标签内的文字行高发生了变化，如图 3.18 所示。

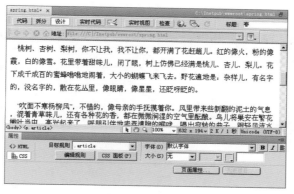

图 3.18　行高效果

切换到"代码"视图，可以看到 CSS3 中生成了下面的代码。

```
.article {
    line-height: 30px;
}
```

5. 全局设置

现在可以使用 CSS3 控制网页中文字的各种样式了，但是如果需要为页面的所有字体设定某一样式，那么是不是需要选中各标签并一一设置呢？当然不是，前面我们提到，CSS3 中的标签选择器允许我们为指定的标签设置 CSS3 样式，如果需要设置页面整体的样式效果，只需针对 <body> 标签设置就可以了。

将光标停留在任意位置,单击 CSS3 "属性"面板上的"编辑规则"按钮,在弹出的"新建 CSS 规则"对话框中设置选择器类型为标签选择器,选择器名称直接输入标签名"body"即可，如图 3.19 所示。

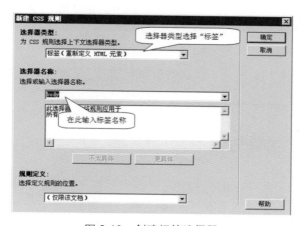

图 3.19　创建标签选择器

图 3.19 所示的对话框表示要为 <body> 标签创建新的样式，单击"确定"按钮，在弹出的"规则定义"对话框中分别对字体名称、大小、颜色和行高进行设置，如图 3.20 所示。

图 3.20 设置 <body> 标签的样式

如图 3.20 所示，我们设置了 <body> 的字体为宋体、12px，颜色为 #333，行高是 20px，单击"确定"按钮，可以看到网页中所有的文字都发生了变化。

切换到"代码"视图，可以发现在 CSS3 中生成了下面的代码。

```
body {
    font-family: " 宋体 ";
    font-size: 12px;
    line-height: 20px;
    color: #333;
}
```

注意　　　如果需要分别对字体的大小、行高及字体名称进行设置，那么可以在"代码"视图下使用合写属性来设置，字体的合写规则为

font:font-size/line-height font-family

例如，我们可以使用"font:12px/20px "宋体""来统一设置字体的这3个属性。

3.1.5　水平对齐方式

前面已经学过了如何为单元格内的文本设置水平对齐方式，其实，通过 CSS3 也是可以直接定义对齐方式的，并且它不局限于单元格，还可以应用到任何场合，如段落标签、标题标签等。

水平对齐方式对应的属性为 **text-align**。在 **CSS3**“规则定义”对话框中找到“区块”→ **Text-align**，从该项后面的下拉列表框中可以选择所要设置的对齐方式，可选的值有 **left**、**center**、**right** 等，这些值依次表示左对齐、居中对齐和右对齐等。

如图 3.21 所示的界面中创建了一个类样式 .center，设置它的水平对齐方式为 center，unter 表示居中对齐，最终实现的效果如图 3.22 所示。

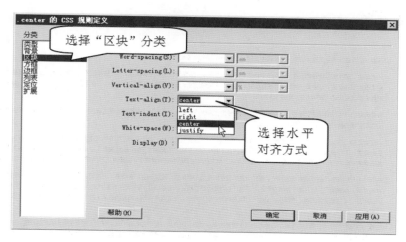

图 3.21　设置水平对齐方式

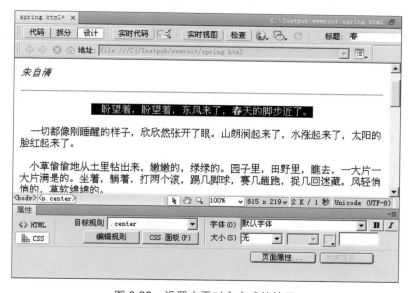

图 3.22　设置水平对齐方式的效果

3.1.6　制作百度简介页面

经过前面的学习之后，现在就可以非常轻松地使用 **CSS3** 制作如图 3.23 所示的页面了。

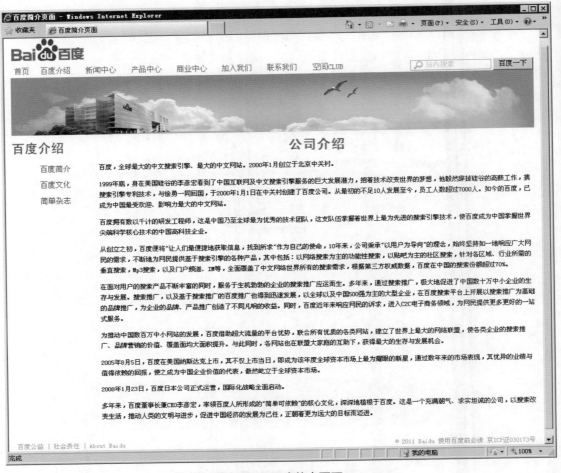

图 3.23　百度简介页面

✿ **思路分析**

➢ 首先设置 body 的整体样式，然后对局部内容进行设置。

➢ 使用 table 布局制作整体页面。

➢ 页面整体字体大小设为 12px，其他特殊的标签再分别设置。

➢ 中部标题"公司介绍"由于呈粗体显示，并且为整个网页的主题，因此优先考虑
使用 <h1> 标题。

➢ 顶部导航呈蓝色居中显示，左侧导航文字呈绿色居中显示，底部版权文字呈灰色
显示。

➢ 右上角搜索和右下角版权均为右对齐。

✿ **实现步骤**

◗ 步骤 1　设置body整体样式

添加标签选择器 body，设置 body 的字体名称为宋体，字体大小为 12px，行高为

20px，如图 3.24 和图 3.25 所示。

 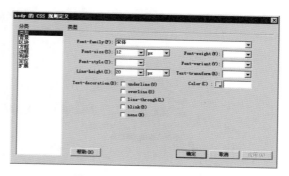

图 3.24　新建 <body> 标签选择器　　　　图 3.25　设置 body 的样式

步骤 2 制作 **table** 布局的网页

使用 table 布局制作整体页面，其中，"公司介绍"使用一级标题，页面效果如图 3.26 所示。

图 3.26　table 布局的页面

步骤 3 设置顶部导航字体大小及颜色

（1）将光标停留在顶部导航"首页"所在的单元格，在标签导航器中选中 <td> 标签，将 CSS3"属性"面板中的"目标规则"设置为"< 新 CSS 规则 >"，创建一个新的规则，如图 3.27 所示。

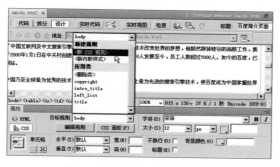

图 3.27　创建新 CSS3 规则

（2）单击 CSS3"属性"面板中的"编辑规则"按钮，在弹出的对话框中创建类样式 .title，设置 .title 的样式：字体大小为 14px，颜色为 #0567ae，如图 3.28 所示。在对话框左侧选中"区块"分类，设置水平对齐方式为居中对齐，如图 3.29 所示。单击"确定"按钮，即为导航栏中的"首页"创建了类名为 title 的样式。

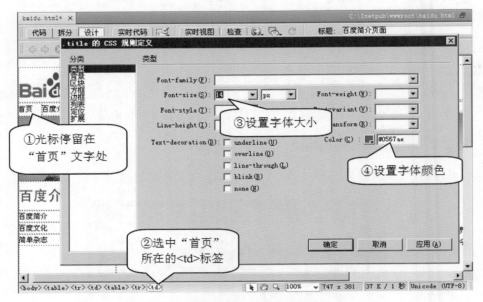

图 3.28　设置"首页"菜单的字体样式

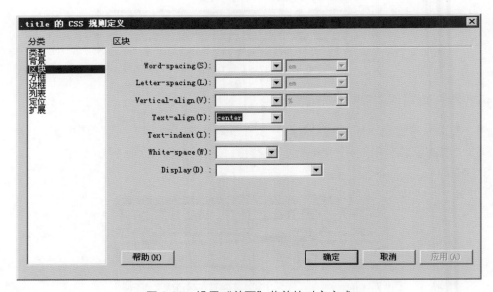

图 3.29　设置"首页"菜单的对齐方式

（3）使用标签导航器选中顶部"百度介绍"所在的 <td> 标签，在 CSS3"属性"面板"目标规则"中，选择刚才创建的 .title 类样式，应用该样式，如图 3.30 所示。

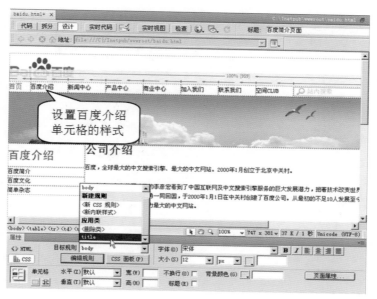

图 3.30 设置"百度介绍"菜单的类样式

（4）重复上面的操作,依次设置"新闻中心""产品中心""商业中心""加入我们""联系我们"和"空间CLUB"的样式。

●步骤4 设置搜索框对齐方式

将光标停留在搜索框所在的单元格,在标签导航器中选中 <td> 标签,将 CSS3"属性"面板中的"目标规则"设置为"< 新 CSS 规则 >",单击"编辑规则"按钮,创建类选择器 .t_right,单击"确定"按钮,在"规则定义"对话框中设置"区块"分类中的 Text-align 属性为 right,即设置为右对齐,如图 3.31 所示。

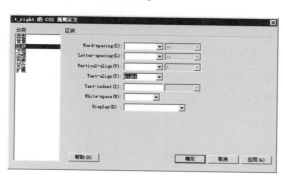

图 3.31 设置右对齐

●步骤5 设置左侧导航字体大小及颜色

同步骤3,为左侧导航菜单"百度简介""百度文化"和"简单杂志"分别设置类样式 .left_list,设置字体大小为 14px,颜色为 #060,行高为 30px,水平对齐方式为 center,如图 3.32 所示。

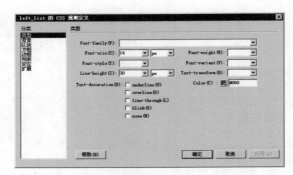

图 3.32　左侧导航的类样式规则

步骤 6 设置标题"公司介绍"的样式

在标签导航器中，选中"公司介绍"所在的 **\<h1\>** 标签，为其添加类样式 **.intro_title**，设置字体名称为"黑体"，大小为 **25px**，颜色为 **#0567ae**，水平对齐方式为 **center**，如图 **3.33** 所示。

图 3.33　\<h1\> 标签的类样式规则

步骤 7 设置底部版权文字的样式

同步骤 6，为底部版权文字所在单元格 **\<tr\>** 设置类样式 **.copyright**，字体颜色为 **#999**；为版权文字右侧的单元格 **\<td\>** 设置先前定义好的类样式 **.t_right**，表示右对齐。

经过上面的操作，百度简介页面就做好了，生成的 **CSS3** 代码如下。

```
body {
    font-family: " 宋体 ";
    font-size: 12px;
    line-height: 20px;
}
.title {
    color: #0567ae;
    font-size: 14px;
    text-align: center;
```

```
        }
    .t_right {
        text-align: right;
    }
    .left_list {
        font-size: 14px;
        color: #060;
        line-height: 30px;
        text-align: center;
    }
    .intro_title {
        font-size:25px;
        color: #0567ae;
        font-family: " 黑体 ";
        text-align: center;
    }
    .copyright {
        color: #999;
    }
```

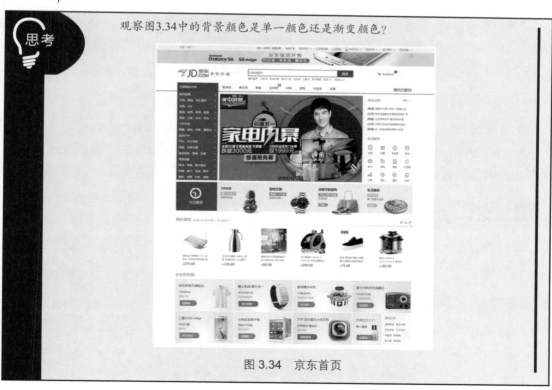

观察图3.34中的背景颜色是单一颜色还是渐变颜色?

思考

图 3.34　京东首页

3.2 当当网首页

⊕ **完成效果**

当当网首页完成的效果如图 3.35 所示。

图 3.35 当当网首页

⊕ **技能分析**

从图 3.35 所示的页面可以看出，页面中不仅用到了与文字相关的样式，还用到了背景颜色和背景图像，下面来看一下关于 CSS3 设置背景元素的相关知识。

3.2.1 背景颜色

为选择器定义背景颜色非常简单，背景颜色在 CSS3 "规则定义" 对话框的 "背景" 分类下，属性为 Background-color，直接在 Background-color 后面选择或者输入所要设置的颜色即可，如图 3.36 所示。

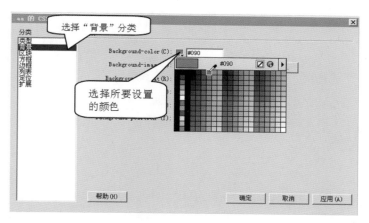

图 3.36　背景颜色设置

 3.2.2　背景图像

有时候单纯为标签定义背景颜色并不能满足网页制作的需要，适当地设置背景图像可以使网页增色许多，同背景颜色一样，背景图像也可以通过 CSS3 进行设置。

背景图像也位于 CSS3 "规则定义" 对话框的 "背景" 分类下，背景图像常用相关的属性有 Background-image、Background-repeat、Background-position，它们分别表示背景图像地址、背景图像平铺属性和背景图像位置，如图 3.37 所示。

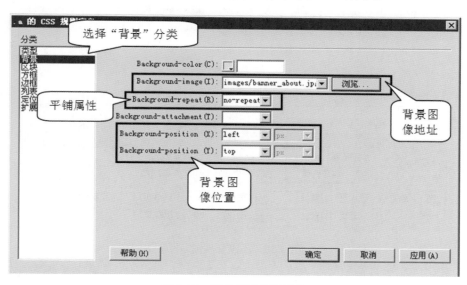

图 3.37　背景图像相关属性

1．图像地址

图像地址对应于 CSS3 "规则定义" 对话框中的 Background-image 属性，直接单击 Background-image 属性右侧的 "浏览" 按钮，即可选择所要设置的背景图片。

对应的 CSS3 代码如下：

```
.title {
    background-image:url(images/bg.gif);
}
```

从代码中可以看到，在 CSS3 中背景图像地址是使用 url(path) 来表示的，其中 path 代表图片所在的路径。

2. 平铺属性

图像的平铺属性对应于 CSS3 "规则定义" 对话框中的 Background-repeat 属性，之所以需要设置平铺属性，是因为某些特殊的场合可能对背景图像的平铺方式有所要求。默认情况下 CSS3 为标签设置了背景图像，该背景图像在水平和垂直方向上都是平铺显示的。如图 3.38 所示的页面，用户为表格中的一个单元格设置了背景图像，但未指定平铺属性。

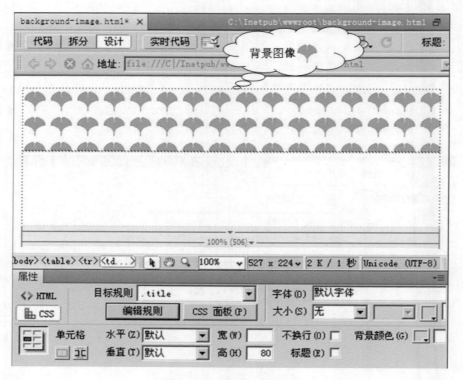

图 3.38 不设置平铺属性

既然默认情况下背景图像在水平和垂直方向上平铺，那么如果期望背景图像在一个方向上平铺或者不平铺，就必须使用平铺属性来控制。平铺属性的可选值有 4 个，分别为 no-repeat、repeat（默认）、repeat-x 和 repeat-y，分别表示不平铺、双向平铺、水平方向平铺和垂直方向平铺，如图 3.39 所示。

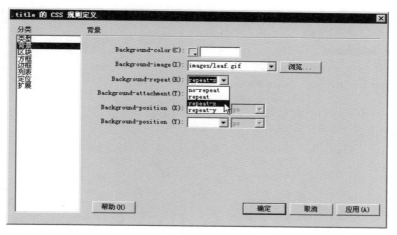

图 3.39　平铺属性

　　为图 3.38 所示的页面分别设置水平平铺、垂直平铺和不平铺，页面实现的效果如图
3.40 至图 3.42 所示。

图 3.40　水平平铺

图 3.41　垂直平铺

图 3.42　不平铺

　　下面分别是双向平铺、水平平铺、垂直平铺和不平铺对应的 CSS3 代码。

background-repeat:repeat;	/* 双向平铺，默认值，可以省略 */
background-repeat:repeat-x;	/* 水平平铺 */
background-repeat:repeat-y;	/* 垂直平铺 */
background-repeat:no-repeat;	/* 不平铺 */

3.　背景图像位置

　　有些场合下，直接为某个标签设置背景图像，显示的位置不能满足页面制作的要求。
例如，在某个单元格上设置背景图像，该图像位于单元格的左上角，如果希望背景图像的
位置在中间或者下方，甚至精确到某个像素值，那么需要为背景图像设置起始位置。

　　背景图像位置对应于 CSS3 "规则定义" 对话框中的 Background-position 属性，设
置该属性需要同时设置水平位置和垂直位置。水平方向可以设置 left、right 和 center，垂
直方向可以设置 top、center 和 bottom。除此之外，两个方向都可以使用具体的像素值来
设置显示位置。如图 3.43 所示的界面中设置了背景图像在水平方向上居中显示，在垂直
方向上底部对齐。

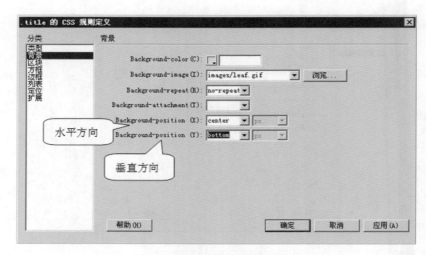

图 3.43　设置背景图像的位置

单击"确定"按钮，可以看到在 CSS3 中生成了如下代码：

background-position: center bottom;

从代码中可以发现，background-position 对应于两个值，第 1 个表示水平方向的位置，第 2 个表示垂直方向的位置。最终实现的效果如图 3.44 所示。

图 3.44　背景图像的位置

4. 背景属性合写

前面我们已经学习了如何设置背景颜色、背景图像地址、背景图像的平铺及位置等属性，如果分别对其进行设置，可以看到 Dreamweaver 针对各属性单独生成了如下代码：

```
.title {
    background-color: #CCC;                    /* 背景颜色为灰色 */
    background-image: url(images/leaf.gif);
                                               /* 背景图片为 images/leaf.gif */
    background-repeat: no-repeat;              /* 背景图片不平铺 */
    background-position: 5px 10px;             /* 背景图像位置为距左边 5px，距上边 10px*/
}
```

可以发现，虽然最终可以实现所要的效果，但是 CSS3 中生成了多行代码，显得非常繁琐。由于这些背景属性同属一类，因此在代码模式下还可以使用 background 属性对其进行合并，合并的顺序为：

    background: 背景色 图像地址 位置 平铺；

因此上面的代码我们可以合写为：

    .title {
        background-color: #CCC url(images/leaf.gif) 5px 10px no-repeat;
    }

这样，CSS3 代码就显得简洁多了。

 注意

由于Web前端开发人员开发制作网页时，一般采用CSS的平铺背景图片或背景颜色作为网页背景。因此，设计网页效果图时，如果采用背景颜色作为网页背景，网页背景颜色宜以单一颜色或渐变颜色为主；如果采用图片作为背景，建议背景颜色不能超过3种，避免背景图片过大而"喧宾夺主"。

3.2.3 制作当当网首页

经过前面的学习之后，现在我们就可以非常轻松地使用 CSS3 制作如图 3.45 所示的页面了。

图 3.45　当当网首页

❀ **思路分析**

➤ 页面可以分为 3 部分，分别为网页顶部、网页内容区域和版权部分。

➤ 网页顶部可以使用表格配合 CSS3 文字、背景颜色和背景图像的相关属性来实现。

➤ 网页内容区域左侧使用表格配合 CSS3 背景图片实现，右侧价格使用 CSS3 设置颜色。

➤ 底部版权部分使用 CSS3 设置单元格背景颜色，文字居中显示。

❀ **实现步骤**

步骤1 设置 **body** 整体样式

添加标签选择器 body，设置 body 的字体名称为宋体，字体大小为 12px，行高为 20px。

步骤2 制作顶部导航

（1）插入一个 1 行 3 列的表格，设置第 1 列的宽度为 170，高度为 70，第 2 列的宽度为 370，将光标停留在 Logo 图片所在的单元格，在标签导航器中选中 <td> 标签，创建一个新的 CSS3 类样式 .Logo，设置 text-align 属性为 center，即水平居中，如图 3.46 所示。

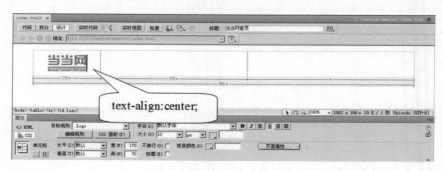

图 3.46　设置 Logo 的样式

（2）在中间单元格内插入一个 2 行 9 列的表格，将第 1 行所有单元格合并，将第 2 行放置导航按钮的单元格宽度设为 70，为第 1 行添加类样式 .welcome，设置字体颜色为 #ff6501，如图 3.47 所示。

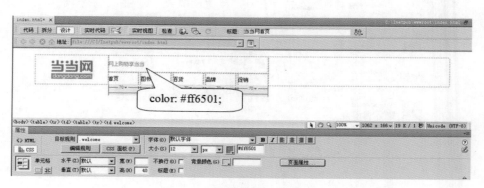

图 3.47　设置网站欢迎词颜色

（3）为"首页"导航添加类样式 .nav-current，设置字体颜色为白色，水平居中显示，指定相应的背景图片，并设置平铺属性为不平铺，如图 3.48 所示。

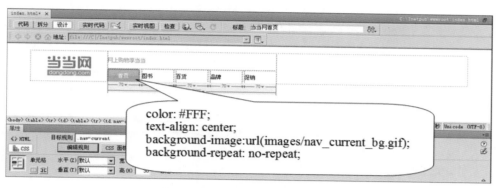

图 3.48　设置"首页"导航样式

（4）同设置"首页"导航样式一样，为"图书"导航设置类样式 .nav，文字水平居中显示，指定背景图片并设置为不平铺，如图 3.49 所示。

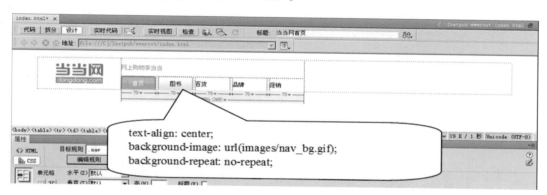

图 3.49　设置"图书"导航样式

（5）将光标停留在"百货""品牌""促销"单元格内，在"属性"面板"目标规则"中选中刚刚设置的类样式 .nav，如图 3.50 所示。

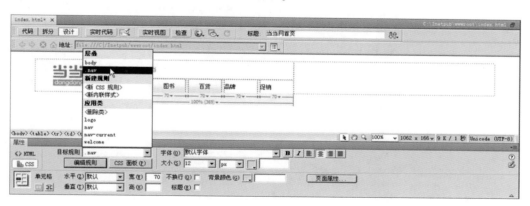

图 3.50　设置其他导航样式

（6）在右侧单元格中插入一个 2 行 1 列的表格，为第 2 行单元格添加类样式 .help，设置文字右对齐，颜色为 #656565，如图 3.51 所示。

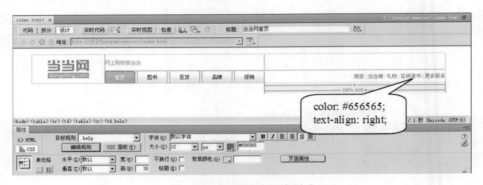

图 3.51　设置帮助链接样式

（7）在下面继续添加一个 1 行 1 列的表格，设置单元格的类样式为 .navbar，将此表格作为二级导航，设置字体颜色为白色，行高为 30px，背景颜色为 #fc883b，水平居中显示，如图 3.52 所示。

图 3.52　设置二级导航样式

● 步骤3　制作内容主体左侧部分

（1）新插入一个 1 行 3 列的表格，设置第 1 列的宽度为 230，第 3 列的宽度为 720，在 "代码" 视图下删除第 2 列单元格内的 ，如图 3.53 所示。

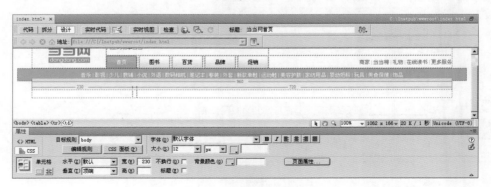

图 3.53　插入主体表格

（2）在左侧单元格内插入一个 3 行 1 列的表格，在该表格第 1 行中插入一个 1 行 3 列的表格，设置第 1 列的高度为 34，宽度为 77，并为其添加类样式 .left-title-current，设置背景图片，设置文字居中显示，如图 3.54 所示。

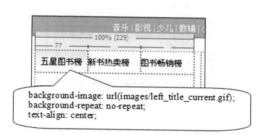

图 3.54　设置"五星图书榜"样式

（3）以同样的方式设置右侧两个单元格的类样式为 .left-title 和 .left-title-right，如图 3.55 所示。

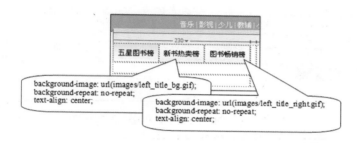

图 3.55　设置单元格背景（1）

（4）设置下方两行单元格的背景图片，类样式分别为 .left-list 和 .left-list-bottom，其中 .left-list 在垂直方向上平铺，.left-list-bottom 不平铺，设置下方单元格高度为 3，并且清除代码里面的 ；如图 3.56 所示。

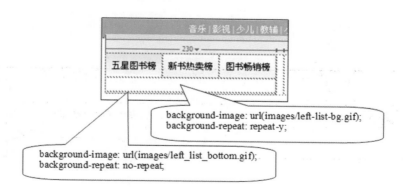

图 3.56　设置单元格背景（2）

（5）在中间的单元格内插入 5 个 2 行 2 列的表格，设置宽度为 210，居中显示，合并左侧的单元格，插入图像及文字，如图 3.57 所示。

图 3.57　插入图书列表

步骤4 制作内容主体右侧部分

（1）在主体表格右侧插入一个 3 行 1 列的表格，为第 1 行单元格设置类样式 .books，设置背景图片，如图 3.58 所示。

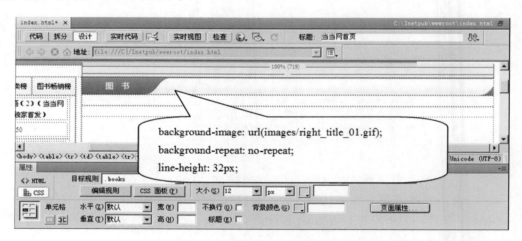

图 3.58　设置标题单元格背景图片

（2）在该单元格内插入一个表格，设置宽度为 700，添加类样式 .t-right，设置文本对齐方式为右对齐，如图 3.59 所示。

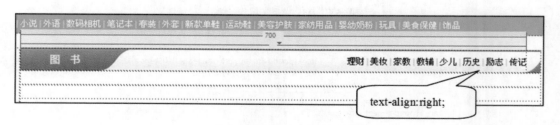

图 3.59　设置图书小标题对齐方式

（3）在第 2 行和第 3 行中分别插入一个 1 行 5 列的表格，设置单元格间距为 20，在每个单元格中插入一个 3 行 1 列的表格来放置图书信息。设置图片所在的单元格类样式为 .t-center，居中显示；设置标题所在的单元格类样式为 .book-title，颜色为 #656565；

设置价格所在的单元格类样式为 .book-price，颜色为 #cb3400，里面的文本加粗显示，如图 3.60 所示。

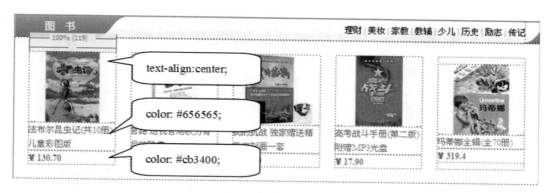

图 3.60　设置图书列表样式

步骤5 制作底部版权部分

在页面底部添加一个 1 行 1 列的表格，宽度设置为 100%，设置单元格类样式为 .footer，为其添加背景图像，设置图像在水平方向平铺，在单元格内再添加一个 1 行 1 列的表格，设置宽度为 960，填充为 10，设置单元格的类样式为 .t-center，表示文本居中，如图 3.61 所示。

图 3.61　设置版权部分的背景

经过上面的操作，整个网页就做好了，最终完成的效果如图 3.45 所示。

实 战 案 例

实战案例 1——制作北大青鸟首页

需求描述

➤ 制作如图 3.62 所示的北大青鸟首页。

➤ 使用表格进行布局。

➤ 使用 CSS3 控制文字相关格式、单元格的对齐方式及背景。

图 3.62　北大青鸟首页

技能要点

➤ 学会使用 CSS3 控制文字格式。

➤ 学会使用 CSS3 控制标签对齐方式、背景颜色及背景图片。

实现思路

➤ 设置页面整体背景颜色、行高、文字大小及颜色。

➤ 构建网页结构，分析表格的嵌套关系，制作使用表格布局的页面。

> ➤ 顶部设置单元格的背景图片及文字颜色。
> ➤ 中间右侧设置单元格的背景颜色及文字颜色。
> ➤ 底部设置文字颜色为白色及灰色。

凸 难点提示

设置页面背景颜色时可以为 `<body>` 标签创建一个标签选择器而设置 background-color 属性。操作的难点是如何划分页面的结构、如何设置单元格。

实战案例 2——制作百度"有啊名品"频道页面

凸 需求描述

> ➤ 制作如图 3.63 所示的百度"有啊名品"频道页面。
> ➤ 使用表格进行布局。
> ➤ 使用 CSS3 控制文字相关格式、单元格的对齐方式及背景。

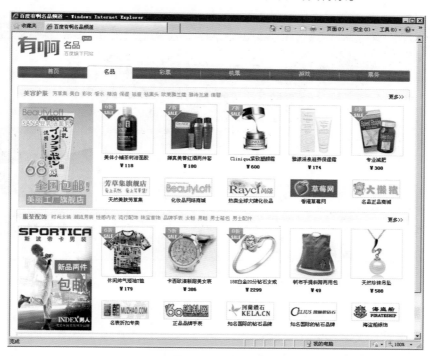

图 3.63　百度"有啊名品"频道页面

凸 技能要点

> ➤ 学会使用 CSS3 控制文字格式。
> ➤ 学会使用 CSS3 控制标签对齐方式、背景颜色及背景图片。

实现思路

➤ 构建网页结构，分析表格的嵌套关系，制作使用表格布局的页面。

➤ 顶部导航通过设置单元格的背景图片及文字颜色来实现。

➤ 中间版块标题通过设置背景图片来实现。

实战案例 3——制作携程旅行网首页

需求描述

➤ 制作如图 3.64 所示的携程旅行网首页。

➤ 使用表格进行布局。

➤ 使用 CSS3 来控制文字相关格式、单元格的对齐方式及背景。

图 3.64　携程旅行网首页

技能要点

➤ 学会使用 CSS3 控制文字格式。

➤ 学会使用 CSS3 控制标签对齐方式、背景颜色及背景图片。

实现思路

➤ 构建网页结构，分析表格的嵌套关系，制作使用表格布局的页面。

➤ 顶部导航通过设置单元格的背景图片及文字颜色来实现。

➤ 中间部分通过设置单元格的背景颜色、背景图片来实现。

本 章 总 结

- ﹅ 在"设计"视图下选择一个标签：首先将光标停留在对应的位置，然后在左下方标签导航器中进行选择。
- ﹅ 创建 CSS3 样式的步骤如下：
  ①选择对应的标签。
  ②在 CSS3"属性"面板"目标规则"中选中"< 新 CSS 规则 >"，单击"编辑规则"按钮。
  ③在"新建 CSS 规则"对话框中设置选择器的样式及名称。
  ④在"CSS 规则定义"对话框中设置相应的样式。
- ﹅ 字体的常用样式包括字体名称、字体大小、字体颜色及行高，分别使用 font-family、font-size、color 及 line-height 来设置。
- ﹅ font 属性是字体大小、行高及字体名称的合写，具体表示方法为 font: 字体大小 / 行高 名称，并且三者顺序不可颠倒。
- ﹅ 文本的水平对齐方式可以使用 text-align 表示，分别有左对齐、居中对齐和右对齐。
- ﹅ 背景颜色使用 background-color 表示。
- ﹅ 背景图像常用的属性有图像地址、平铺属性、背景图像位置，分别使用 background-image、background-repeat 和 background-position 来表示。
- ﹅ 背景颜色和背景图像可以合写，使用 background 来表示，具体表示方法为 background: 颜色 图像地址 图像位置 平铺属性。

学习笔记

本 章 作 业

选择题

1. 定义字体颜色用到的CSS3属性是（　　　）。
   A. font　　　　　　B. font-color　　　　　C. color　　　　　　D. font-style

2. 下面CSS3代码表示的意义是（　　　）。

   body { font:18px/20px " 宋体 "; background-color:#fff; }

   A. \<body>的默认字体名称是宋体
   B. \<body>的默认行高是18px
   C. \<body>的默认背景颜色是白色
   D. 名为 ".body" 的类样式对应的CSS3规则

3. 下面CSS3代码表示的意义是（　　　）。

   .view { background:#000 url(images/photo.gif) 5px center no-repeat; }

   A. 背景颜色是黑色
   B. 背景图片不平铺
   C. 背景图片距左边的距离是5px
   D. 背景图片在垂直方向上居中显示

4. 在\<p>标签中调用类样式 ".content" 的方法是（　　　）。
   A. \<p name="content">\</p>
   B. \<p class=".content">\</p>
   C. \<p class="content">\</p>
   D. \<p.content>\</p>

5. 在CSS3中，设置文本水平方向上对齐方式的属性是（　　　）。
   A. align　　　　　　B. text　　　　　　C. text-align　　　　　D. center

简答题

1. 在 "设计" 视图下，创建CSS3样式的步骤是什么？
2. 样式表的基本结构是什么？
3. 如何设置背景图片的位置？
4. 制作如图3.65所示的中国移动通信首页。

CSS3 样式及 UI 设计 FAQ

第 1 章

第 2 章

第 3 章

第 4 章

第 5 章

第 6 章

要求：

➤ 使用表格进行布局。

➤ 使用CSS3控制文字相关格式、单元格的对齐方式及背景。

图 3.65　中国移动通信首页

5. 制作如图3.66所示的腾讯网首页。

要求：

➤ 使用表格进行布局。

➤ 使用CSS3控制文字相关格式、单元格的对齐方式及背景。

图 3.66　腾讯网首页

▶▶作业讨论区

访问课工场 UI/UE 学院：kgc.cn/uiue（教材版块），欢迎在这里提交作业或提出问题，你将有机会跟课工场的专家以及共同学习本书的小伙伴一起探讨切磋！

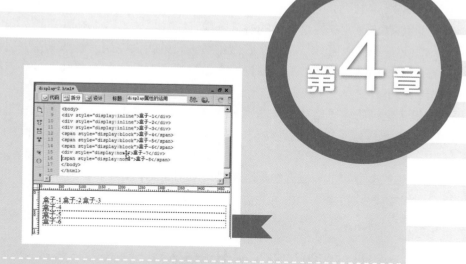

第4章

盒子模型及UI
设计FAQ

● **本章目标**

完成本章内容的学习以后，您将：

▶ 会使用盒子模型属性border、padding、margin美化网页元素。

▶ 会精确计算盒子模型尺寸。

▶ 会使用display属性进行块级元素与行内元素的相互转换。

● **本章素材下载**

▶ 请访问课工场UI/UE学院：kgc.cn/uiue
（教材版块）下载本章需要的案例素材。

▓本章简介

盒子模型是 CSS3 控制页面时一个很重要的概念。只有很好地掌握了盒子模型及其每个属性的用法，才能真正地控制好页面中的各个元素。

所有页面中的元素都可以看作一个盒子，占据着一定的页面空间。一般来说，这些被占据的空间往往都比单纯的内容大。换句话说，可以通过调整盒子的边框和距离等参数来调节盒子的位置和大小。

一个页面由很多这样的盒子组成。这些盒子之间会相互影响，因此掌握盒子模型需要从两方面来理解：一是理解一个孤立的盒子的内部结构；二是理解多个盒子之间的相互关系。

本章主要介绍盒子模型的基本概念、标准文档流和 display 属性。

理 论 讲 解

4.1　主题相册

参考视频
盒子模型及 UI 设计 FAQ

◉ 完成效果

主题相册的完成效果如图 4.1 所示。

图 4.1　主题相册的完成效果

技能分析

网络相册是 Internet 运营商提供的最常见服务之一，如 QQ 空间相册、网易相册、百度空间相册等。读者可通过学习盒子模型的属性，包括边框、内边距、外边距以及盒子尺寸，来制作简单的相册。

4.1.1　什么是盒子模型

盒子模型（box model）是实现页面布局的基础，学习页面的布局必须首先理解盒子模型。盒子的概念在人们的生活中并不陌生，如礼品的包装盒，如图 4.2 所示。礼品是最终运输的物品，四周一般会添加用于抗震的填充材料，填充材料的外层是包装用的纸壳。

CSS3 中盒子模型的概念与此类似，CSS3 将网页中的所有元素都看成一个个盒子。例如，网页中显示的一幅图片，如图 4.3 所示，其背后实际对应一个盒子模型结构，它包括如下属性：

➢ 　边框（border）：对应包装盒的纸壳，一般具有一定的厚度。

➢ 　内边距（padding）：位于边框内部，是内容与边框的距离，对应包装盒的填充部分，所以有些书中也称其为填充。

➢ 　外边距（margin）：位于边框外部，是边框周围的间隙，所以有些书中也称其为边界。

图 4.2　生活中的盒子模型

图 4.3　网页元素对应的盒子模型

 注意　　　　因为盒子是矩形结构，所以边框、内边距、外边距这些属性分别对应上（top）、下（bottom）、左（left）、右（right）4 个边，这 4 个边的设置可以不同。

盒子模型除了边框、内边距、外边距这些属性之外，还应该包括元素内容本身。完整的盒子模型的平面结构如图 4.4 所示。除平面结构外，盒子模型还包括三维立体层次结构，如图 4.5 所示。

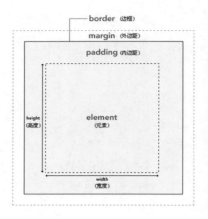

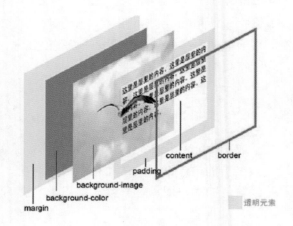

图 4.4　盒子模型的平面结构　　　　　图 4.5　盒子模型的三维立体层次结构

从上往下看，图 4.5 表示的层次依次如下：

➢　首先是盒子的主要标识——边框（border），位于盒子的第 1 层。

➢　其次是元素内容（content）、内边距（padding），两者同位于第 2 层。

➢　再次是背景图像（background-image），位于第 3 层。

➢　其后是背景颜色（background-color），位于第 4 层。

➢　最后是整个盒子的外边距（margin），位于第 5 层。

通常，在网页中看到的页面内容即为图 4.5 所示的多层叠加后的效果。从这里可以看出，若对某一个页面元素同时设置背景图像和背景颜色，则背景图像将在背景颜色的上方显示。

4.1.2　盒子模型属性

盒子模型中主要包括边框、内边距、外边距，以及元素内容的宽和高，前 3 个属性一般称为盒子模型属性，下面将具体介绍。

1．边框

边框一般用于分隔不同的元素，边框的外围即为元素的最外围，因此计算元素实际的宽和高时，就要将边框纳入。换句话说，边框会占据空间，所以在计算精确的版面时，一定要把边框的影响考虑进去，如图 4.6 所示，黑色的虚线框即为边框。

边框的属性只有 3 个，分别是颜色（color）、粗细（width）和样式（style）。在设置边框时，常常需要将这 3 个属性很好地配合起来，以达到良好的效果。在使用 CSS3 设置边框的时候，可以分别

图 4.6　边框

使用 border-color、border-width 和 border-style 属性进行设置。

➤ **border-color** 用来指定边框的颜色，其设置方法与文字的 **color** 属性完全一样。通常情况下设置为十六进制的值，如红色为 **#FF0000**。

注意　　设置边框颜色时，对于形如#336699这样的十六进制编码，可以缩写为"#369"，此外也可以使用颜色的名称，如red、blue、green等。

border-color 属性可以分别设置盒子模型的上、下、左、右 4 条边的颜色，也可以同时设置 4 条边的颜色。**border-color** 属性的设置方式及说明如表 4-1 所示。

表 4-1　border-color 属性的设置方式及说明

属 性	设置方式	说 明
border-top-color	border-top-color:#369; 或 border-top-color:red;	设置上边框颜色
border-right-color	border-right-color:#369; 或 border-right-color:red;	设置右边框颜色
border-bottom-color	border-bottom-color:#369; 或 border-bottom-color:red;	设置下边框颜色
border-left-color	border-left-color:#369; 或 border-left-color:red;	设置左边框颜色
border-color	border-color:#369; 或 border-color:red;	设置 4 个边框为同一颜色
	border-color:#369 #000;	上、下边框为 #369，左、右边框为 #000
	border-color:#369 #000 red;	上边框为 #369，左、右边框为 #000，下边框为 red
	border-color:#369 #000 red blue;	上边框为 #369，右边框为 #000，下边框为 red，左边框为 blue

注意　　当同时设置4条边框的颜色时，使用border-color属性，设置顺序按顺时针方向为"上、右、下、左"，属性值之间以空格隔开，以";"结尾。例如"border-color:#369 #000 red blue;"，其中#369对应上边框，#000对应右边框，red对应下边框，blue对应左边框。

➤ **border-width** 属性用来指定边框的粗细程度，可以设置为 **thin**、**medium**、**thick** 和 **length**。其中，**length** 表示具体的数值，如 **5px** 和 **0.1in** 等，以 **px** 为长度单位来设置边框粗细程度也是最常见的。**width** 的默认值为 **medium**，一般浏览器将其解析为 **2px** 宽。**border-width** 属性的可能值及说明如表 4-2 所示。

表 4-2　border-width 属性的可能值及说明

属性值	说　　明
thin	定义细的边框
medium	默认。定义中等宽度的边框
thick	定义粗的边框
length	允许自定义边框的宽度，如 5px、0.1in 等
inherit	规定应该从父元素继承边框宽度

border-width 属性用法与 border-color 相似，其设置方式及说明如表 4-3 所示。

表 4-3　border-width 属性的设置方式及说明

属　　性	设置方式	说　　明
border-top-width	border-top-width:5px;	上边框粗细为 5px
border-right-width	border-right-width:10px;	右边框粗细为 10px
border-bottom-width	border-bottom-width:8px;	下边框粗细为 8px
border-left-width	border-left-width:22px;	左边框粗细为 22px
border-width	border-width:5px;	4 个边框粗细都为 5px
	border-width:20px 2px;	上、下边框粗细为 20px，左、右边框粗细为 2px
	border-width:5px 1px 6px;	上边框粗细为 5px，左、右边框粗细为 1px，下边框粗细为 6px
	border-width:1px 3px 5px 2px;	上边框粗细为 1px，右边框粗细为 3px，下边框粗细为 5px，左边框粗细为 2px

➤ border-style 属性用来指定边框的样式，可以设置为 none、hidden、dotted、dashed、solid、double、groove、ridge 和 outset 等。其中，none 和 hidden 都表示不显示边框，两者效果完全相同，只是被运用在表格中时，hidden 可以用来解决边框冲突的问题。border-style 属性的可能值及说明如表 4-4 所示。

表 4-4　border-width 属性的可能值及说明

属性值	说　　明
none	定义无边框
hidden	与 none 相同，应用于表格时除外。对于表格，hidden 用于解决边框冲突
dotted	定义点状边框。在大多浏览器中呈现为实线
dashed	定义虚线。在大多浏览器中呈现为实线

属性值	说　明
solid	定义实线
double	定义双线。双线的宽度等于 border-width 的值
groove	定义 3D 凹槽边框，其效果取决于 border-color 的值
ridge	定义 3D 垄状边框，其效果取决于 border-color 的值
inset	定义 3D inset 边框，其效果取决于 border-color 的值
outset	定义 3D outset 边框，其效果取决于 border-color 的值
inherit	规定应该从父元素继承边框样式。任何 IE 浏览器版本都不支持这种属性值，所以不推荐使用

border-style 属性用法与 border-color 和 border-width 相似，其设置方式及说明如表 4-5 所示。

表 4-5　border-style 属性的设置方式及说明

属　　性	设置方式	说　明
border-top-style	border-top-style:solid;	上边框为实线
border-right-style	border-right-style:solid;	右边框为实线
border-bottom-style	border-bottom-style:solid;	下边框为实线
border-left-style	border-left-style:solid;	左边框为实线
border-style	border-style:solid ;	4 个边框均为实线
	border-style:solid dotted;	上、下边框为实线 左、右边框为点线
	border-style:solid dotted dashed;	上边框为实线 左、右边框为点线 下边框为虚线
	border-style:solid dotted dashed double;	上边框为实线 右边框为点线 下边框为虚线 左边框为双线

为了了解各种边框样式的具体表现形式，编写如下代码：

```
……
<head>
<meta charset="utf-8">
<title>border-style 属性 </title>
<style type="text/css">
div {
        border-width:5px;
        border-color:#000000;
        margin:20px;
```

```
            padding:5px;
            background-color:#eeeeee;
        }
    </style>
</head>
<body>
<div style="border-style:solid"> 定义实线。-- solid </div>
<div style="border-style:dashed"> 定义虚线。在大多浏览器中呈现为实线。-- dashed </div>
<div style="border-style:dotted"> 定义点状边框。在大多浏览器中呈现为实线。-- dotted
</div>
    <div style="border-style:double"> 定义双线。双线的宽度等于 border-width 的值。-- double
</div>
    <div style="border-style:groover"> 定义 3D 凹槽边框。其效果取决于 border-color 的值。
-- groover </div>
    <div style="border-style:inset"> 定义 3D inset 边框。其效果取决于 border-color 的值。-- inset
</div>
    <div style="border-style:outset"> 定义 3D outset 边框。其效果取决于 border-color 的值。
-- outset </div>
    <div style="border-style:ridge"> 定义 3D 垄状边框。其效果取决于 border-color 的值。--
ridge </div>
    </body>
    ……
```

上述代码的执行结果在 IE 和 Firefox 浏览器中略有区别，如图 4.7 所示。

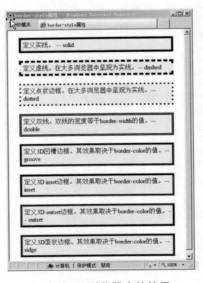
（a）在 IE 浏览器中的效果

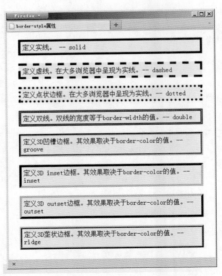
（b）在 Firefox 浏览器中的效果

图 4.7　border-style 属性

由图 4.7 可以看出，对于 groove、inset、outset 和 ridge 这几种值，在 IE 中不推荐使用，因为在 IE 中的效果不是很理想。

以上讲解了边框的 border-color、border-width、border-style 这 3 个属性的设置方法，即 1 个属性值、2 个属性值、3 个属性值、4 个属性值的设置方法及其显示效果。在实际使用 CSS3 时，除了可以分别设置各个边框的 border-color、border-width、border-style 属性外，还可以使用属性值的简写形式同时设置边框的 3 个属性。方法如下列代码所示。

  border:1px dashed #336699;

该语句表示上、下、左、右 4 个边框的粗细均为 1px，样式均为虚线，颜色均为 #336699。

如果盒子的 4 条边中仅有左边框为 2px，样式为实线，颜色为 #00FF33，其余边框均为 3px 粗细、绿色的虚线，那么又该如何设置呢？具体设置方法如下列代码所示。

  border:3px dashed green;
  border-left:2px soild #00FF33;

第一行表示将 4 个边框设置为 3px 的绿色虚线，第二行表示将左边框设置为 2px 的 #00FF33 色实线。这样就不需要使用 4 条 CSS3 规则分别设置 4 个边框的样式了，仅用 2 条规则即可。这样的方法就是用属性值的简写形式设置样式，它将为 CSS3 代码"减肥"，目的在于提高浏览器的加载速度。

2. 内边距

内边距用于控制内容与边框之间的距离。和之前介绍的边框类似，内边距属性可以设置 1、2、3 或 4 个属性值，分别如下：

➢ 设置 1 个属性值时，表示上、下、左、右 4 个内边距均为该值。

➢ 设置 2 个属性值时，前者为上、下内边距值，后者为左、右内边距值。

➢ 设置 3 个属性值时，第 1 个为上内边距的值，第 2 个为左、右内边距的值，第 3 个为下内边距的值。

➢ 设置 4 个属性值时，按照顺时针方向，依次为上、右、下、左内边距的值。

如果需要专门设置某一个方向的内边距，可以使用 padding-left、padding-right、padding-top 或者 padding-bottom 来设置，如表 4-6 所示。

表 4-6　内边距属性的设置方式及说明

属　　性	设置方式	说　　明
padding-left	padding-left:10px;	左内边距为 10px
padding-right	padding-right:5px;	右内边距为 5px
padding-top	padding-top:20px;	上内边距为 20px
padding-bottom	padding-bottom:8px;	下内边距为 8px
padding	padding:10px;	4 个方向的内边距均为 10px
	padding:20px 5px 8px 10px ;	上内边距为 20px，右内边距为 5px，下内边距为 8px，左内边距为 10px
	padding:10px 5px;	上、下内边距为 10px，左、右内边距为 5px
	padding:30px 8px 10px ;	上内边距为 30px，左、右内边距为 8px，下内边距为 10px

下面使用以下示例具体说明。

```
<head>
<title>padding 属性设置 </title>
<style type="text/css">
#box {
        width:130px;
        height:130px;
        padding:20px 20px 10px;  /* 上　左右　下 */
        padding-left:10px; /* 单独设置左内边距，后设置的左内边距会覆盖先设置的 */
        border:1px dashed gray;
}
</style>
</head>
<body>
<div id="box"><img src="../ 案例准备 /shoes.jpg" width="130" height="130" /></div>
</body>
```

上述代码的最终显示结果是上侧和右侧的内边距为 20px，下侧和左侧的内边距为 10px，如图 4.8 所示。

图 4.8　设置内边距后的效果

▶▶ 经验总结

当一个盒子设置了背景图像后，默认情况下背景图像覆盖的范围是内边距和内容组成的范围，并以内边距的左上角为基准点平铺背景图像。

3. 外边距

外边距指的是元素与元素之间的距离。观察图 4.8，可以看到边框在默认情况下会定位于浏览器窗口的左上角，但是并没有紧贴浏览器窗口的边框。这是因为 body 本身也是一个盒子，在默认情况下，body 会有一个若干像素的外边距，各个浏览器的具体数值有所不同，因此，body 中的其他盒子就不会紧贴浏览器窗口的边框了。为了验证这一点，可以给 body 这个盒子也加一个边框，代码如下：

```
<head>
<title>body 的 margin </title>
<style type="text/css">
body {
        border:1px solid #000;
        background-color:#cc0;
}
#box {
        width:130px;
        height:130px;
        padding:20px 20px 10px;
        padding-left:10px;
        border:5px dashed gray;
}
</style>
```

```
</head>
<body>
<div id="box"><img src="../ 案例准备 /shoes.jpg" width="130" height="130" /></div>
</body>
```

在 body 设置了边框和背景颜色以后，效果如图 4.9 所示。可以看到，在细黑线外面的部分就是 body 的外边距。

由 body 的 margin 属性可以知道，如果想让 body 中的盒子紧贴浏览器的边框，就需要把 body 的 margin 属性设置为 0。依旧使用图 4.9 的代码，为 body 增加一个 margin 属性，并设置其值为 0。代码如下所示：

```
<style type="text/">
body {
        border:1px solid #000;
        background-color:#cc0;
        margin:0;
}
#box {
        width:130px;
        height:130px;
        padding:20px 20px 10px;
        padding-left:10px;
        border:5px dashed gray;
}
</style>
```

显示效果如图 4.10 所示。

图 4.9　body 的外边距效果

图 4.10　body 的 margin 属性设置为 0

> 　　body是一个特殊的盒子，它的背景颜色会延伸到外边距的部分，而其他盒子的背景颜色只会覆盖"内边距+内容"部分（IE浏览器中），或者"边框+外边距+内容"部分（Firefox浏览器中）。

　　margin 属性的设置方法和 padding 属性类似，margin 属性可以设置 1、2、3 或 4 个属性值，分别如下。

- ➢ 设置 1 个属性值时，表示上、下、左、右 4 个外边距均为该值。
- ➢ 设置 2 个属性值时，前者为上、下外边距值，后者为左、右外边距值。
- ➢ 设置 3 个属性值时，第 1 个为上外边距的值，第 2 个为左、右外边距的值，第 3 个为下外边距的值。
- ➢ 设置 4 个属性值时，按照顺时针方向，依次为上、右、下、左外边距的值。

　　从直观上而言，外边距用于控制块与块之间的距离。若将盒子模型比作展览馆里展出的一幅幅画作，那么元素内容就是画面本身，外边距就是画作与画作之间的距离，边框就是画框，而内边距就是画面与画框之间的距离。

4.1.3　盒子模型尺寸

　　刚开始使用 DIV+CSS 制作网站的时候，可能有不少人会因为页面元素没有按预期的在同一行显示，而是折行了，或是将页面撑开了，而感到迷惑。导致页面元素折行显示或撑开页面的原因主要是盒子模型尺寸问题。下面就来详细介绍盒子模型尺寸。

　　在图 4.4 中，width 和 height 指的是内容区域的宽度和高度。增加边框、内边距和外边距虽然不会影响内容区域的尺寸，但是会增加盒子模型的总尺寸。

　　假设盒子模型的每条边上有 10px 的外边距和 5px 的内边距。如果希望这个盒子框达到 100px，就需要将内容的宽度设置为 70px，如图 4.11 所示。

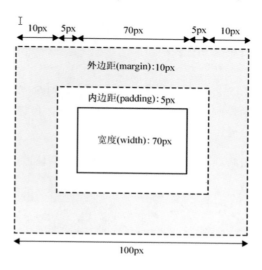

图 4.11　盒子模型尺寸

如果在上述条件的基础上，再为盒子左右各增加 **1px** 的边框，那么盒子框达到 **100px**，内容的宽度又该设置为多少像素呢？根据以上讲述的内容不难看出，应该将内容的宽度设置为 **68px**。由此可以得出下列盒子模型总尺寸的计算公式：

盒子模型总尺寸 = 边框宽度＋外边距＋内边距＋内容尺寸（宽度 / 高度）

在精确布局的页面中，盒子模型总尺寸的计算显得尤为重要，因此一定要掌握它的计算方法。

 4.1.4　制作主题相册页面

学习了盒子模型的属性和尺寸之后，就可以轻松制作如图 4.1 所示的主题相册页面了。

1. 思路分析

（1）使用 ID 选择器定义划分 HTML5 文档的 <div> 标签。

（2）使用 <h1> 标签排版栏目标题"主题相册"，且使用盒子模型属性制作标题底部的修饰红线和间距。

（3）使用类选择器定义划分相册类型的 <div> 标签，并使用盒子模型属性制作分隔虚线和间距。

（4）使用 <h2> 标签排版相册类型标题。

（5）使用盒子模型属性制作相册边框，且边框与图片间有 **2px** 的空白，注意控制图片间距。

2. 实现步骤

步骤1 全局设置

（1）新建页面。使用 Dreamweaver 新建一个页面，保存在本地工作目录下，命名为 album.html。

（2）设置网页标题。在 Dreamweaver "代码"视图的 <title> 标签中，设置网页标题为"主题相册"。

（3）定义全局 CSS3 样式。创建内部样式，定义 <body> 标签的字体颜色、字号、字体类型、外边距等，以达到全局定义页面相关样式的目的，具体设置如下列代码所示。

```
body {
        font-family:Verdana, Arial, Helvetica, sans-serif, " 宋体 ";
        font-size:12px;
        color:#666;
        margin:0;
}
```

步骤2 划分结构

（1）使用 <div> 标签划分网页结构，制作一行一列的页面布局，并使用 ID 选择器 #content 定义其宽度和内边距，代码如下所示。

```
#content {
        width:750px;
        padding:5px;
}
```

（2）使用 <div> 标签划分栏目模块，并使用类选择器 .theme 定义其宽度、边框、内边距等，代码如下所示。

```
.theme {
        width:100%;
        border-bottom:1px dashed #e6e6e6;
        padding-top:5px;
        padding-bottom:20px;
}
```

步骤3 排版内容

（1）排版标题。使用 <h1> 标签排版一级标题，并在其中插入图片作为修饰，设置字体颜色、字号、样式等，代码如下所示。

```
h1 {
        font-size:20px;
        color:#c03;
        font-weight:normal;
        border-bottom:2px solid #c03;
        padding-bottom:4px;
}
```

使用 <h2> 标签排版二级标题，设置字体颜色、字号等，代码如下所示。

```
h2 {
        font-size:14px;
        color:#333;
        padding-left:8px;
}
```

（2）排版图片。在 .theme 定义的 <div> 标签中插入 4 幅图片 pic_01.jpg、pic_02.jpg、pic_03.jpg、pic_04.jpg，并定义 <img> 标签的边框、内边距和外边距以美化图片，制作类似含相框的图片。设置 <img> 标签的 CSS3 代码如下所示。

```
img {
        border:1px solid #ccc;
        padding:2px;        /* 盒子边框与盒子中图片的距离 */
        margin:0 8px;       /* 图片与图片之间的距离 */
}
```

显示效果如图 4.12 所示。

（3）解决样式表冲突。由于上一步全局定义了 <img> 标签的样式，包括边框、内边距和外边距，因此在使用 <h1> 标签排版时，插入的用于修饰的图片也相应地受到了影响，其显示效果如图 4.13 所示。

主题相册　　　　　　　　　主题相册

全局定义 <img> 标签前　　　全局定义 <img> 标签后

图 4.12　类似相框的图片修饰　　　图 4.13　全局定义 <img> 标签导致的样式冲突

为了解决全局定义 <img> 标签导致的样式冲突，需定义一个类选择器为 .title_img，针对 <h1> 标签中的 <img> 标签定义样式，无边框且内边距和外边距均为 0。CSS3 代码如下所示。

```
.title_img {
        border:none;
        padding:0;
        margin:0;
}
```

添加到 <h1> 的 <img> 标签中，相关 HTML5 代码如下所示。

```
<h1><img src="images/icon.gif" width="4" height="21" class="title_img" /> 主题相册 </h1>
```

添加完 .title_img 之后，显示效果就会如图 4.13 中全局定义 <img> 标签前的截图一样了。

步骤4 添加样式

（1）标签选择器。在内部样式中定义标签选择器后，该样式即可对相对应的标签起作用，如 <h1>、<h2>、<img> 等。

（2）ID 选择器。在内部样式中定义 ID 选择器后，需在 HTML 中根据 CSS3 语法规则，为相关的标签添加选择器，添加方法如下列代码所示。

```
<div id="content">
  <h1><img src="images/icon.gif" width="4" height="21" class="title_img" /> 主题相册 </h1>
  ……
</div>
```

（3）类选择器。类选择器的添加方式与 ID 选择器类似，具体添加方法如下列代码所示。

```
<div class="theme">
  <h2> 婚纱系 </h2>
  <img src="images/pic_01.jpg" /> <img src="images/pic_02.jpg" /> <img src="images/pic_03.jpg" /> <img src="images/pic_04.jpg" />
</div>
```

步骤5 保存文件

经过以上操作，保存文件之后，按 F12 键预览网页，就可以看到如图 4.1 所示的效果了。页面最终的 HTML5 代码如下。

```
……
<title> 主题相册 </title>
<style type="text/css">
body {
        font-family:Verdana, Arial, Helvetica, sans-serif, " 宋体 ";
        font-size:12px;
        color:#666;
        margin:0;
}
h1 {
        font-size:20px;
        color:#c03;
        font-weight:normal;
        border-bottom:2px solid #c03;
        padding-bottom:4px;
}
```

```
            h2 {
                    font-size:14px;
                    color:#333;
                    padding-left:8px;
            }
            #content {
                    width:750px;
                    padding:5px;
            }
            .theme {
                    width:100%;
                    border-bottom:1px dashed #e6e6e6;
                    padding-top:5px;
                    padding-bottom:20px;
            }
            img {
                    border:1px solid #ccc;
                    padding:2px;
                    margin:0 8px;
            }
            .title_img {
                    border:none;
                    padding:0;
                    margin:0;
            }
        </style>
        </head>
        <body>
        <div id="content">
          <h1><img src="images/icon.gif" width="4" height="21" class="title_img" /> 主题相册 </h1>
          <div class="theme">
            <h2> 婚纱系 </h2>
            <img src="images/pic_01.jpg" /> <img src="images/pic_02.jpg" /> <img src="images/pic_03.jpg" /> <img src="images/pic_04.jpg" /> </div>
          <div class="theme">
            <h2> 写真系 </h2>
```

```
        <img src="images/pic_05.jpg" /> <img src="images/pic_06.jpg" /> <img src="images/pic_07.
jpg" /> <img src="images/pic_08.jpg" /> </div>
        <div class="theme">
        <h2> 童真系 </h2>
        <img src="images/pic_09.jpg" /> <img src="images/pic_10.jpg" /> <img src="images/pic_11.
jpg" /> <img src="images/pic_12.jpg" /> </div>
        </div>
        </body>
        ……
```

▶ 经验总结

　　由于边框等样式由 CSS 代码实现，如网页中的各种输入框等，因此设计时不建议把各种输入框设计得比较花哨，切片时也不需要将文本框等切为图片形式，这些应全部由 HTML 及 CSS 代码实现。

4.2　腾讯网站导航

◈ 完成效果

腾讯网站导航页面的完成效果如图 4.14 所示。

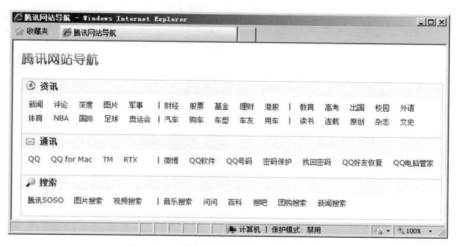

图 4.14　腾讯网站导航页面的完成效果

◈ 技能分析

　　一些知名网站都会有自己的网站地图，以方便浏览者快速定位自己要去的地方。本节将通过制作简略版的腾讯网站导航深入地剖析标准文档流，即块级元素和行内元素，以及 display 属性的用法。它们对日后的网页布局和制作有着非常大的影响。

4.2.1　标准文档流

标准文档流简称为标准流,是指在不使用其他与排版和定位相关的特殊 CSS3 规则时,各种元素的排列规则。根据排列规则,标准文档流可以分为以下两类。

1.　块级元素

由之前学习过的列表知识可知,<li> 标签占据着一个矩形的区域,并且和相邻的 <li> 标签依次竖直排列,不会排在同一行中。<ul> 标签也具有同样的性质,它也占据着一个矩形的区域,并且和相邻的 <ul> 标签依次竖直排列,不会排在同一行中。这类元素称为块级元素（block level）,即它们总是以一个块级形式表现出来,并且与同级的兄弟块依次竖直排列,左右排满。

2.　行内元素

对于文字这类元素,各个字母之间横向排列,到最右端自动折行,这就是另一种元素,称为行内元素（inline elements）。如 <strong> 标签,它就是一个典型的行内元素,这个标签本身不占有独立的区域,仅仅在其他元素的基础上指定了一定的范围。再如,最常用的 <a> 标签也只是行内元素。

 注意　　块级元素与行内元素的区别是,块级元素拥有自己的区域,而行内元素则没有。

3.　<div> 标签与 <span> 标签

为了能更好地理解块级元素和行内元素,这里重点介绍在 CSS3 排版的页面中经常使用的 <div> 标签和 <span> 标签。利用这两个标签,加上 CSS3 对其样式的控制,可以很方便地实现各种效果。本节将从两者的基本概念出发介绍这两个标签,并且深入探讨这两个标签的区别。

<div> 标签早在 HTML3.0 时代就已经出现,但那时并不常用,直到 CSS3 的普及,它才逐渐发挥出优势。<span> 标签在 HTML4.0 时代才被引入,它是专门针对样式表而设计的。

简单而言,<div> 标签是一个区块容器标记,即 <div> 与 </div> 之间相当于一个容器,可以容纳段落、标题、表格、图片,乃至章节、摘要和备注等各种 HTML5 元素。可以把 <div> 和 </div> 中的内容视为一个独立的对象,使用 CSS3 进行控制。声明时,只需要对 <div> 标签进行相应的控制,其中的各标签都会随之改变。

一个 <ul> 标签是一个块级元素,同样,<div> 标签也是一个块级元素。两者的不同在于 <ul> 标签是一个具有特殊含义的块级元素,具有一定的逻辑语义;而 <div> 标签是一个通用的块级元素,可以容纳各种元素,从而方便排版。

下面举一个简单的例子,代码如下所示。

```
……
<meta charset="utf-8">
<title>div 标签 </title>
<style type="text/css">
div {
        font-size:18px;
        font-weight:bold;
        font-family:Arial;
        color:#ff0;
        background:#00f;
        text-align:center;
        width:300px;
        height:100px;
}
</style>
</head>
<body>
<div> 这是一个 div 标签 </div>
</body>
……
```

　　通过 CSS3 对 <div> 块的控制，制作一个宽 300px、高 100px 的蓝色区块，并进行文字效果的相应设置，在 IE 中的执行结果如图 4.15 所示。

　　<span> 标签与 <div> 标签一样，作为容器标签而被广泛应用在 HTML5 语言中。<span> 与 </span> 中间同样可以容纳各种 HTML5 元素，从而形成独立的对象。如果把 <div> 标签换为 <span> 标签，样式表中把 div 换成 span，执行后就会发现效果完全一样。<div> 与 <span> 这两个标签起到的作用都是独立出各个区块，在这个意义上两者没有不同。

　　<div> 标签与 <span> 标签的区别在于，<div> 标签是一个块级元素，它周围的元素会自动换行；而 <span> 标签仅仅是一个行内元素，在它的前后不会换行。<span> 标签没有结构上的意义，纯粹是应用样式，当其他行内元素都不合适时就使用 <span> 标签元素，如下列代码所示。

```
<head>
<meta charset="utf-8">
<title>div 与 span 的区别 </title>
</head>
```

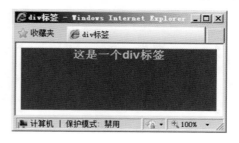

图 4.15　<div> 块示例

```
<body>
<p>div 标记不同行 </P>
<div><img src="pic.jpg" /></div>
<div><img src="pic.jpg" /></div>
<p>span 标记同一行 </P>
<span><img src="pic.jpg" /></span>
<span><img src="pic.jpg" /></span>
</body>
```

执行结果如图 4.16 所示。<div> 标签中的两幅图片被分在了两行中，而 <span> 标签的图片没有换行。

图 4.16　<div> 标签与 <span> 标签的区别

此外，<span> 标签可以包含于 <div> 标签中，成为它的子元素，而反过来则不成立，即 <span> 标签不能包含 <div> 标签。了解 <div> 标签与 <span> 标签之间的区别和联系，就可以更深刻地理解块级元素和行内元素的区别。

4.2.2　display属性

通过前面的讲解，我们已经知道盒子有两种类型，一种是以 div 为代表的块级元素，另一种是以 span 为代表的行内元素。事实上，盒子还有一个专门的属性可以设置盒子的类型，即控制元素的显示方式是像 div 那样块状显示，还是像 span 那样行内显示，这个属性就是 display 属性。

在 CSS3 中，display 属性用于指定 HTML5 标签的显示方式，它的可能值有 19 个，常用的有 3 个，如表 4-7 所示。

表 4-7　display 属性的常用可能值及说明

可能值	说　明
block	将元素显示为块级元素，该元素前后会带有换行符
inline	默认。元素会被显示为行内元素，该元素前后没有换行符
none	该元素不会被显示

下面来看如下代码。

```
……
<head>
<meta charset="utf-8">
<title> 未运用 display 属性时的块级元素与行内元素 </title>
</head>
<body>
<div> 盒子 -1</div>
<div> 盒子 -2</div>
<div> 盒子 -3</div>
<span> 盒子 -4</span>
<span> 盒子 -5</span>
<span> 盒子 -6</span>
<div> 盒子 -7</div>
<span> 盒子 -8</span>
</body>
</html>
```

上述代码在 Dreamweaver 和 IE 浏览器中的显示效果如图 4.17 所示。由图 4.17 可以看出，使用了 <div> 标签排版的盒子 -1、盒子 -2、盒子 -3、盒子 -7，在 Dreamweaver 视图中都有一个虚线框，分别独占一行，与它们对应的 IE 浏览器中的显示效果也都独占一行。而使用了 <span> 标签排版的盒子 -4、盒子 -5、盒子 -6、盒子 -8 在 Dreamweaver 视图中没有虚线框，其中盒子 -4、盒子 -5、盒子 -6 显示在一行里，与它们对应的 IE 浏览器中的显示效果也一样。

图 4.17 未设置 display 属性的 div 和 span

下面把前 3 个 <div> 标签的 display 属性设置为 inline，即"行内"；接着把中间 3 个 <span> 标签的 display 属性设置为 block，即"块级"；再把最后一个 <div> 标签和一个 <span> 标签的 display 属性设置为 none，即"无"。具体代码如下所示。

```
……
<head>
<meta charset=" utf-8" >
<title>display 属性的运用 </title>
</head>
<body>
<div style="display:inline"> 盒子 -1</div>
<div style="display:inline"> 盒子 -2</div>
<div style="display:inline"> 盒子 -3</div>
<span style="display:block"> 盒子 -4</span>
<span style="display:block"> 盒子 -5</span>
<span style="display:block"> 盒子 -6</span>
<div style="display:none"> 盒子 -7</div>
<span style="display:none"> 盒子 -8</span>
</body>
</html>
```

这时显示效果如图 4.18 所示。由图 4.18 可以看出，原本应该是块级元素的 div 变成了行内元素，原本应该是行内元素的 span 变成了块级元素，并且设置为 none 的两个"盒子"消失了。

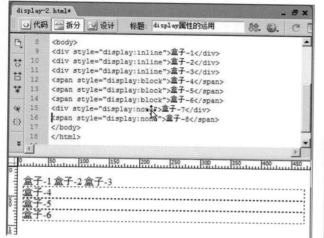

图 4.18　设置了 display 属性的 div 和 span

从这个例子可以看出，通过设置 **display** 属性，可以改变某个标签本来的元素类型，或者把某个元素隐藏起来。这个性质在后面的案例中将发挥巨大的作用。

4.2.3　制作腾讯网站导航页面

学习了标准文档流和 **display** 属性之后，就可以轻松地制作腾讯网站导航页面了，如图 4.14 所示。

1. 思路分析

（1）使用 <div> 标签分块 HTML5 文档，并使用 ID 选择器定义用于分块的 <div> 标签。

（2）使用定义列表排版网站导航。

（3）使用 **display** 属性将 <span> 标签转换为块级元素，并用它排版带背景图的标题。

（4）使用盒子模型属性美化网站导航外观。

2. 实现步骤

步骤1　全局设置

（1）新建页面。使用 Dreamweaver 新建一个页面，保存在本地工作目录下，命名为 webnav.html。

（2）设置网页标题。在 Dreamweaver "代码" 视图的 <title> 标签中，设置网页标题为 "腾讯网站导航"。

（3）定义全局 CSS3 样式。创建内部样式，定义 <body> 标签的字体颜色、字号、字体类型、外边距等，以达到全局定义页面相关样式的目的。具体设置如下列代码所示。

```
body {
        margin:0;
        font-family:Verdana, Arial, Helvetica, sans-serif, " 宋体 ";
        font-size:12px;
}
```

步骤2 分块HTML5

（1）使用 <div> 标签将 HTML5 分块文档，制作一行一列布局并使用 ID 选择器 #wrap 制作包裹层，定义其无边框，代码如下所示。

```
#wrap {
        border:none;
}
```

（2）使用 <div> 标签将 HTML5 文档分块，制作网站导航的包裹层，使用 ID 选择器 #content 定义，设置其宽度为 704px，边框为 1px 的实线边，颜色为 #aacbee，无顶边框，左外边距为 15px，代码如下所示。

```
#content {
        width:704px;
        border:1px solid #aacbee;
        border-top:none;
        margin-left:15px;
}
```

（3）使用定义列表制作腾讯网站导航内容，使用 <dl> 标签声明定义列表，使用 <dt> 标签排版导航主标题，使用 <dd> 标签排版导航项，代码如下所示。

```
dl, dt, dd {
        padding:0;
        margin:0;
}
dt {
        width:100%;
        background-color:#eff6fd;
        height:26px;
        color:#1f376d;
        font-size:14px;
        font-weight:bold;
```

```
                border-top:1px solid #aacbee;
                padding-left:5px;
                width:699px;
        }
        dd {

                margin:5px 0;
                line-height:24px;
                padding-left:8px;
                padding-bottom:10px;
        }
```

步骤3 排版内容

（1）网页标题。

1）使用 **<h1>** 标签排版网页主标题"腾讯网站导航"，并使用图片替换文字。**CSS3** 代码如下所示。

```
        h1 {
                background-image:url(images/title.gif);
                background-repeat:no-repeat;
                text-indent:-9999px;
        }
```

HTML5 代码如下所示。

```
        <h1> 腾讯网站导航 </h1>
```

▶▶ 经验总结

> 这里的 text-indent:-9999px 的作用，是将 <h1> 标签中的文字"腾讯网站导航"负缩进一个无限大的值，从而达到隐藏文字的效果。这样的处理方式是为了在样式表未能加载时，依然能够清楚地显示网页的层级结构，以提高用户体验。

2）使用 **<span>** 标签排版网站导航各分类主标题，并定义 .icon_01、.icon_02、.icon_03 选择器，美化标题。**CSS3** 代码如下所示。

```
        span {
                display:block;
                padding-left:25px;
                line-height:26px;
        }
```

```
.icon_01 {
        height:26px;
        background-image:url(images/infor_icon.gif);
        background-repeat:no-repeat;
}
.icon_02 {
        height:26px;
        background-image:url(images/commun_icon.gif);
        background-repeat:no-repeat;
}
.icon_03 {
        height:26px;
        background-image:url(images/search_icon.gif);
        background-repeat:no-repeat;
}
```

HTML5 代码如下所示。

```
<dt><span class="icon_01"> 资讯 </span></dt>
```

.icon_02 和 .icon_03 添加方式以此类推。

注意

由<h1>标签和<span>标签排版标题的CSS3样式可以看出，<h1>标签是一个块级元素，而<span>标签是一个行内元素。因此，在使用<span>标签定义背景图时，需要为<span>标签设置display:block，使行内元素转换为块级元素，如不进行元素类型转换，行内元素设置的背景图将根据它内部的元素高度来显现图像的高度，如图4.19和图4.20所示。

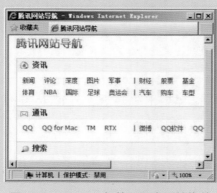

图 4.19 <span> 标签显示类型转换前

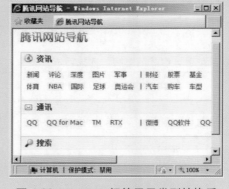

图 4.20 <span> 标签显示类型转换后

（2）网页导航项。

使用 <dd> 标签排版网页导航项，并为其添加空链接，排版时需要将导航项之间的分隔竖线对齐。但由于每行导航项内文字字数有所不同，因此分隔竖线无法对齐，如图4.21 所示。

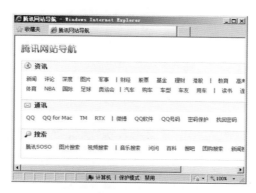

图 4.21　文字之间分隔竖线无法对齐

此时，需要选择一行文字的分隔竖线作为基准项，针对其余 3 行文字分隔竖线前的导航项，设置该导航项的右外边距，使相应的分隔竖线与基准项分隔竖线对齐。CSS3 代码如下所示。

```
.military {
        margin-right:17px;
}
.rtx {
        margin-right:26px;
}
.search {
        margin-right:17px;
}
```

HTML5 代码如下所示。

```
<a href="#" class="military" >
```

.rtx 和 .search 添加方式以此类推。

步骤4　添加样式

（1）标签选择器。在内部样式定义后，即可对相对应的标签起作用，如 <body>、<h1>、<dl>、<dt>、<dd> 等标签。

（2）ID 选择器。在内部样式定义后，需在 HTML5 中根据 CSS3 语法规则，为相关的标签添加选择器，添加方法如下列代码所示。

```
<div id="wrap">
 <h1> 腾讯网站导航 </h1>
```

　　……
　　</div>

（3）类选择器。类选择器的添加方式与 ID 选择器类似，具体添加方法如下列代码所示。

　　<span class="icon_02"> 通讯 </span>
　　<a href="#" class="rtx" >

步骤5 保存文件

经过以上操作，保存文件之后，按 **F12** 键预览网页，就可以看到如图 **4.14** 所示的效果。

▶▶ 经验总结

　　在制作网页时，尽量不要使用 PS 自带的图层样式。
　　分析图 4.22 所示的网页，它在制作时是否使用了图层样式？

图 4.22　网页示例

实 战 案 例

实战案例 1——制作腾讯产品类别导航页面

📑 需求描述

➤ 制作如图 4.23 所示的腾讯产品类别导航页面。

➤ 使用 <div> 标签分块 HTML5 文档，制作一行一列的布局，并使用名为 content 的 ID 选择器定义该 <div> 标签，设置其上外边距和左外边距均为 15px，右外边距和下外边距均为 0，宽度为 386px，边框为 1px 的实线，边框颜色为 #aacbee。

➤ 使用无序列表排版导航项内容，设置 <ul> 标签的内边距和外边距均为 0，列表项风格为 none，上、下内边距均为 0，左内边距为 8px，右内边距为 5px，行高为 30px。

➤ 创建一个类样式 .blue，并设置其背景颜色为 #f3f8fd，隔行为 <li> 标签添加 .blue 样式。

➤ 使用 <strong> 标题排版导航分类，即"通信、社区、休闲、竞技、网游、手机、生活"，并设置其颜色为 #6a7faf，不添加超链接。

➤ 为导航项添加空链接，并设置超链接样式，字体颜色为 #1f376d，链接文本无下划线，右外边距为 2px，上、下内边距为 2px，左、右内边距为 3px，鼠标指针移到其上面时，背景颜色为 #509AD8，字体颜色为白色。

➤ 创建一个类样式 .blog，设置其字体颜色为 #f3f8fd，并添加至"微博"导航项。

➤ 如图 4.23 所示，未标示出来的颜色可使用 Photoshop 吸管工具提取。

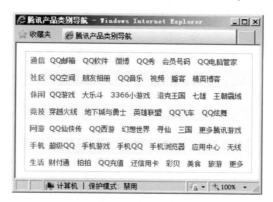

图 4.23 腾讯产品类别导航页面的完成效果

📑 技能要点

➤ 学会使用盒子模型属性 border、padding、margin 美化网页元素。

➤ 学会使用 padding 属性美化鼠标指针移过超链接项时背景颜色的显示区域大小。

➤ 学会使用 list-style:none 去掉无序列表项自带的样式。

➤ 学会使用 <strong> 标签标示加粗项。

实现思路

根据相关理论知识，完成如图 4.23 所示的案例效果，应从以下几点予以考虑。

（1）如何控制 <a> 标签中元素背景颜色显示区域？

➤ 行内元素的显示特点是怎样的？

➤ 文字是盒子模型中的元素，文字与盒子边框的距离使用哪个属性来控制？怎样设置？

➤ 背景颜色在盒子模型的三维立体图中位于哪一层？它所占的区域与外边距、内边距和盒子模型内元素的关系是怎样的？

（2）如何制作隔行变色的网站导航？

➤ 如何为 <li> 标签设置背景颜色？

➤ 如何控制 <li> 标签之间的距离？

（3）如何使用盒子模型属性 border、padding、margin 美化网页元素？

实战案例 2——制作今日淘宝活动页面

需求描述

➤ 制作如图 4.24 所示的今日淘宝活动页面。

➤ 初始化 <body> 标签，设置其外边距为 0，字体类型为 Verdana、Arial、Helvetica、Sans-serif 和宋体，字体大小为 12px。

➤ 使用 <div> 标签分块 HTML5 文档，并使用名为 action 的 ID 选择器定义该 <div> 标签，设置其宽度为 296px，顶部边框为 none，其余边框为 2px 的实线，颜色为 #cc0001。

➤ 使用无序列表排版网页元素，并设置 <ul> 标签宽度为 100%，内边距和外边距均为 0，<li> 标签的风格为 none，底部边框为 1px 的实线，颜色为 #e5e5e5。

➤ 使用 <img/> 标签引入图片制作栏目标题。

➤ 分别在 3 个 <li> 标签中插入图片，并添加超链接，使用 CSS3 样式表去掉超链接线框。

技能要点

➤ 学会使用盒子模型属性 border、padding、margin 美化网页元素。

➤ 学会使用无序列表排版图片。

➤ 学会使用 CSS3 样式去掉图片超链接线框。

🖱 实现思路

根据相关理论知识，完成如图 4.24 所示的案例效果，应从以下几点予以考虑。

➤ 如何使用盒子模型属性美化网页元素？

➤ 如何使用 CSS3 样式去掉图片超链接线框？

图 4.24　今日淘宝活动页面的完成效果

实战案例 3——制作 QQ 炫舞特色右边栏页面

🖱 需求描述

➤ 制作如图 4.25 所示的 QQ 炫舞特色右边栏页面。

➤ 使用 `<div>` 标签划分网页结构，并使用名为 sidebar 的 ID 选择器定义 div 样式，设置宽度为 153px。

➤ 使用 `<img/>` 标签引入图片，并设置图片的上、下外边距为 5px，左、右外边距为 0，边框为 none。

➤ 创建名为 .frame 的类选择器，制作广告图片列表的包裹层，设置其上、下外边距为 10px，左、右外边距为 0，上、下边框为 none，左、右边框为 1px 的实线，颜色为 #cbcbcb，宽度为 153px。

➤ 使用无序列表排版广告图片，设置 `<ul>` 标签的外边距和内边距均为 0，li 的列表风格设置为 none，文本对齐方式为居中对齐。

➤ 创建一个名为 .frame_img 的类样式，设置其外边距为 0，并添加至图片 `<img src="images/frame_top.gif" width="154" height="7"/>` 与 `<img src="images/frame_btm.gif" width="154" height="7"/>` 中，用以解决因为全局定义 img 外边距而导致的样式显示问题。

图 4.25　QQ 炫舞特色右边栏页面的完成效果

> ➤ 为"开通紫钻""WEB 砸蛋""点券充值"的"返回首页"和其余广告图片添加超链接。

🔒 技能要点

> ➤ 学会使用盒子模型属性 border、padding、margin 美化网页元素。
> ➤ 学会使用 CSS3 样式去掉图片超链接线框。
> ➤ 学会使用无序列表排版图片。

🔒 实现思路

根据相关理论知识，完成如图 4.25 所示的案例效果，应从以下几点予以考虑。

> ➤ 如何使用盒子模型属性 border、padding、margin 美化网页元素？
> ➤ 如何使用 CSS3 样式去掉图片超链接线框？
> ➤ 如何使用无序列表排版图片？

实战案例 4——制作腾讯拍拍热卖专栏页面

🔒 需求描述

> ➤ 制作如图 4.26 所示的腾讯拍拍热卖专栏页面。
> ➤ 使用 <div> 标签划分网页结构，并使用 ID 选择器定义其宽度为 263px，4 个边框均为 1px 的 #dddddd 色实线。
> ➤ 使用无序列表排版热卖商品信息，并添加空链接，单击其时呈现块状链接。
> ➤ 无序列表项之间由 1px 的 #eeeeee 实线分隔开，列表项内容与该实线的上、下间距均为 10px。
> ➤ 设置一级标题"热卖"字体大小为 14px，字体颜色为 #303030，左内边距为 10px，行高为 30px，背景颜色为 #f1f1f1。
> ➤ 设置列表项中文字大小为 12px，无列表风格。
> ➤ 设置超链接颜色为 #666666，无下划线，鼠标指针移过时显示下划线。

🔒 技能要点

> ➤ 学会使用盒子模型属性 border、padding、margin 美化网页元素。
> ➤ 学会使用无序列表排版商品信息。

图 4.26 腾讯拍拍热卖专栏
页面的完成效果

➤ 学会使用 display 属性进行行内元素与块级元素的转换。

🗒 实现思路

根据相关理论知识，完成如图 4.26 所示的案例效果，应从以下几点予以考虑。

➤ <a> 标签是块级元素还是行内元素？

➤ 如何使行内元素块级显示？

➤ 无序列表项之间的距离可使用盒子模型的哪一个属性控制？

➤ 无序列表项之间的分隔横线可以使用盒子模型的哪一个属性进行控制？

下面将要完成如图 4.27 所示的 QQ 摄影俱乐部网页的制作。根据需要，将制作过程分为实战案例 5、实战案例 6、实战案例 7、实战案例 8 四个阶段进行制作。

图 4.27　QQ 摄影俱乐部网页完成效果

实战案例 5——制作 QQ 摄影俱乐部（1）页面

需求描述

➢ 制作如图 4.28 所示的 QQ 摄影俱乐部（1）页面。

➢ 使用 <div> 标签制作页面包裹层，并使用名为 wrap 的 ID 选择器定义其宽度为
910px。

➢ 使用 <div> 标签划分页面结构，并使用名为 top 的 ID 选择器定义其宽度为
100%，为其添加背景图像 top.gif，设置背景图像不重复，高度为 40px，文本对
齐方式为右对齐，顶部内边距为 5px。

➢ 在 ID 为 top 的 <div> 标签中添加顶部导航文字"新闻频道""腾讯首页""全站导
航"，并添加空链接。

➢ 设置超链接无下划线，字体颜色为 #828282，鼠标指针移过时显示下划线。

➢ 设置 <a> 标签的右外边距为 10px。

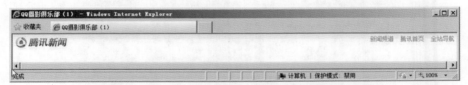

图 4.28　QQ 摄影俱乐部（1）页面的完成效果

技能要点

➢ 学会使用 margin 属性控制行内标签中元素的间距。

➢ 学会使用 padding 属性控制盒子模型内元素与其边框之间的距离。

➢ 学会使用 Dreamweaver 可视化方式为 <div> 标签添加背景。

实现思路

根据相关理论知识，完成如图 4.28 所示的案例效果，应从以下几点予以考虑。

➢ 如何控制行内元素之间的距离？

➢ 如何控制盒子模型内元素与边框之间的距离？

实战案例 6——制作 QQ 摄影俱乐部（2）页面

需求描述

➢ 在实战案例 5 的基础上，制作如图 4.29 所示的 QQ 摄影俱乐部（2）页面。

➢ 使用 <div> 标签划分网页结构，制作图片列表主体框架，并使用名为 content 的
ID 选择器定义该 <div> 标签的 4 个边框为 2px 的 #9e9fa1 色实线。

- ➢ 在 ID 名为 content 的 <div> 标签中，使用 <div> 标签插入图片来排版图片栏目标题，并使用名为 title 的类选择器，定义该 <div> 标签的外边距为 0。

- ➢ 在 ID 名为 content 的 <div> 标签中，使用 <div> 标签来装载图片列表，并使用名为 frame 的类选择器来定义该 <div> 标签的背景颜色为 #d3d3d3，上、下内边距为 10px，左、右内边距为 0。

- ➢ 在名为 frame 的 <div> 标签中，插入一个 2 行 5 列的表格来排版图片及其说明文字，并设置 <td> 标签之间的距离为 15px。

- ➢ 使用 <div> 标签制作美化色块——黑色色块。使用名为 black 的类选择器，定义该 <div> 标签的背景颜色为 #000000，高度为 15px。

- ➢ 使用 <div> 标签制作美化色块——灰色色块。使用名为 gray 的类选择器，定义该 <div> 标签的背景颜色为 #9e9fa1，高度为 7px。

- ➢ 使用盒子模型属性美化图片，并为图片添加 1px 的 #888888 色实线边框，图片底部外边距为 8px。

图 4.29　QQ 摄影俱乐部（2）页面的完成效果

🔥 技能要点

- ➢ 学会使用盒子模型属性 border、padding、margin 美化网页元素。
- ➢ 学会使用
 标签进行行内元素的强制换行。
- ➢ 学会使用盒子模型尺寸，精确美化网页元素。

➤ 学会使用 <table> 标签排版图片。

实现思路

根据相关理论知识，完成如图 4.29 所示的案例效果，应从以下几点予以考虑。

➤ 如何控制同行排列的图文、折行排版？

➤ 如何处理因全局定义 <img/> 标签而导致的图片显示问题——不需要出现边框的图片却出现了边框？

➤ 如何精确地按照设计图尺寸进行页面元素的制作？

➤ 现阶段，如何使用 <table> 标签排版图片列表？

实战案例 7——制作 QQ 摄影俱乐部（3）页面

需求描述

➤ 在实战案例 6 的基础上，制作如图 4.30 所示的 QQ 摄影俱乐部（3）页面。

➤ 在美化灰色色块 <div> 标签之后，插入一个 2 行 2 列的 <table> 标签，并设置其填充、间距、边框均为 0。

➤ 在第 1 行 <td> 标签中，分别插入图片 title_03.gif 和 title_04.gif 作为标题。

➤ 在 <table> 标签的第 2 行第 1 列中，插入一个 3 行 4 列、名为 pic_list 的表格，用于排版图片列表，并为插入 pic_list 表格的单元格添加类名为 txt 的样式，设置其背景颜色为 #000000，字体颜色为 #ffffff。

➤ 在 <table> 标签的第 2 行第 2 列中，使用 <p> 标签排版文字，并为该单元格添加类名为 txt_right 的样式，设置其背景颜色为 #000000，字体颜色为 #ffffff，垂直对齐方式为顶部对齐，文本水平对齐方式为左对齐，除上内边距为 0 外，其余 3 个方向的内边距均为 10px。

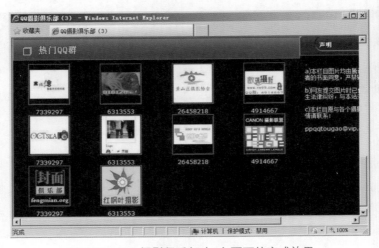

图 4.30 QQ 摄影俱乐部（3）页面的完成效果

技能要点

➤ 学会使用 <table> 标签排版图片。

➤ 学会使用 padding 属性控制盒子模型内部元素与其边框之间的距离。

➤ 学会使用 Dreamweaver 可视化方式为 <div> 标签添加背景颜色。

实现思路

根据相关理论知识，完成如图 4.30 所示的案例效果，应从以下几点予以考虑。

➤ 如何控制盒子模型内元素与其边框之间的距离？

➤ 如何使用 Dreamweaver 可视化方式为 <div> 标签添加背景颜色？

实战案例 8——制作 QQ 摄影俱乐部（4）页面

需求描述

➤ 在实战案例 7 的基础上，制作如图 4.31 所示的 QQ 摄影俱乐部（4）页面。

➤ 使用 <div> 标签划分网页结构，并使用名为 footer 的 ID 选择器定义该 <div> 标签的宽度为 100%，文本对齐方式为居中对齐，字体颜色为 #333333。

➤ 使用 <p> 标签排版 footer 部分的内容，并为"关于腾讯"所在行的文字添加超链接。

图 4.31　QQ 摄影俱乐部（4）页面的完成效果

技能要点

➤ 学会使用 <div> 标签划分网页结构。

➤ 学会使用文本对齐方式使 <div> 标签中的文字居中对齐。

实现思路

根据相关理论知识，完成如图 4.31 所示的案例效果，应从以下几点予以考虑。

➤ 在样式中设置了 <a> 标签的外部边距对页面中出现的 <a> 标签元素有什么影响？

➤ 给 ID 为 footer 的 <div> 标签设置了文本对齐方式之后，其内部的元素（如文字）在排版上有哪些变化？

本 章 总 结

- 介绍了盒子模型，以及使用 CSS3 设置盒子模型属性的方法。
- 使用盒子模型属性 border、padding、margin 美化图片，使用 <div>、<span> 标签等网页元素美化网页。
- 介绍了精确计算盒子模型尺寸的方法。
- 标准文档流可分为两种类型：块级元素和行内元素。
- 使用 display 属性进行块级元素和行内元素的互相转换。

学习笔记

本 章 作 业

选择题

1. 下列CSS3属性，不属于盒子模型属性的是（　　　）。

    A. width属性　　　　　　　　　　B. border属性

    C. margin属性　　　　　　　　　　D. padding属性

2. 下列标签中，属于行内元素的有（　　　）。

    A. <div>标签　　　　　　　　　　B. <strong>标签

    C. <li>标签　　　　　　　　　　　D. <span>标签

3. 以下关于盒子模型的说法正确的是（　　　）。

    A. margin属性值不能为负值

    B. padding是盒子与盒子之间的距离

    C. margin是盒子内元素与边框之间的距离

    D. border:1px solid red;表示盒子的4个边框为1px的红色实线

4. 如果要设置一个<div>标签的宽度为200px，高度为80px，它的4个边框均为2px的黑色虚线，上、下、左、右4个方向的外边距均为10px，则下列CSS3代码正确的是（　　　）。

    A. div{width:80px; height:200px; border:2px dashed #000000; margin:0 10px;}

    B. div{width:80px; height:200px; border:2px solid #000000; margin:10px 0;}

    C. div{width:200px; height:80px; border:2px solid #000000; margin:10px;}

    D. div{width:200px; height:80px; border:2px dashed #000000; margin:10px;}

5. 已知一个盒子的宽度为130px，左边框为5px实线，右边框为0px，左外边距为10px，右外边距为2px，左内边距为1px，右内边距为25px，下列盒子尺寸正确的是（　　　）。

    A. 130px　　　　　　　　　　　　B. 156px

    C. 173px　　　　　　　　　　　　D. 168px

简答题

1. 什么是盒子模型？盒子模型的属性有哪几种？

2. 什么是标准文档流？它分为哪两种类型？

3. 制作如图4.32所示的页面。

要求:

➢ 使用<div>标签分块HTML5。

➢ 将网页标题设置为"爱的礼物"。

➢ 使用盒子模型属性为图片添加1px的#eeeeee色实线边框,并设置其上、下外边距为5px,左、右外边距为12px。

➢ 做容器的DIV与浏览器边缘紧贴。

➢ 图片列表与标题有10px的间距。

➢ 为图片列表中的图片添加空链接。

➢ 使用内部样式创建页面样式。

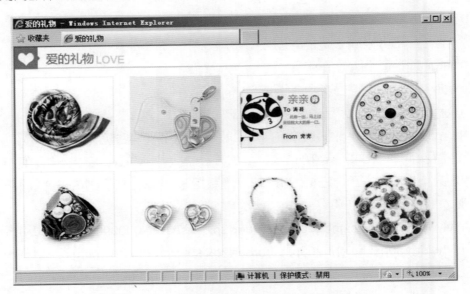

图 4.32   "爱的礼物"页面的完成效果

4. 制作如图4.33所示的页面。

要求:

➢ 使用<div>标签分块HTML5,设置其宽度为203px,边框为1px的#e5e5e5实线。

➢ 将网页标题设置为"热卖推荐"。

➢ 使用<h1>标签排版标题,并使用盒子模型属性美化标题,设置其字体大小为16px,字体颜色为#8e8e8e,行高为36px,下边框为2px的#cccccc色实线,左内边距为10px,4个方向的外边距均为0。

➢ 使用无序列表排版列表信息,设置无序列表内边距和外边距均为0,列表项上、下内边距为10px,文本缩进为20px,背景颜色为#f2f2f2,下边框为1px的#e5e5e5实线。

➢ 使用<p>标签排版第一个列表项中的文字"照片冲印……28854件",其中,标红的字体颜色为#cb0000。

➤ 为第一个列表项中的图片添加超链接（文字说明不需要添加超链接），为其余列表项文字添加超链接，超链接颜色为黑色，无下划线，鼠标指针移过时也无下划线。

➤ 设置无序列表项隔行变色，深灰色的十六进制颜色代码为#f2f2f2，浅灰色的十六进制颜色代码为#f7f7f9。

➤ 使用内部样式创建页面样式。

图 4.33　"热卖推荐"页面的完成效果

（1）当全局定义了<img/>标签边框，导致不需要添加边框的图片被添加了边框时，新创建一个类样式，设置其border属性值为none，并为该标签添加样式即可。
（2）分块行内元素可以使用什么标签？定义该标签颜色为#cb0000，并添加至要改变颜色的字体所在处即可。
（3）创建一个新的类样式，设置其背景颜色为#f7f7f9，并隔行为<li>标签添加样式即可。

对于因添加超链接而使图片产生的超链接边框，设置<img/>标签的border属性为none即可将其除去。

5. 块级元素和行内元素的区别是什么？

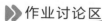 作业讨论区

访问课工场 UI/UE 学院：kgc.cn/uiue（教材版块），欢迎在这里提交作业或提出问题，你将有机会跟课工场的专家以及共同学习本书的小伙伴一起探讨切磋！

HTML5/CSS3
标准化布局

● 本章目标

完成本章内容的学习以后，您将：

▶ 会制作自动居中的布局。

▶ 会使用DIV+CSS3进行网页布局。

▶ 会使用浮动法解决常见的布局问题。

● 本章素材下载

▶ 请访问课工场UI/UE学院：kgc.cn/uiue

（教材版块）下载本章需要的案例素材。

▓ 本章简介

使用 CSS3 进行网页布局，即 CSS3 的排版，是一种很新的排版理念，完全有别于传统的排版习惯。它首先将页面在整体上进行 <div> 标签的分类，然后对各个块进行 CSS3 定位，最后在各个块中添加相应的内容。利用 CSS3 排版的页面，更新起来十分容易，甚至连页面的拓扑结构都可以通过修改 CSS3 属性来重新定位。

本章将以固定宽度的网页布局为例进行深入的剖析，并给出一系列的示例，使读者自如地掌握这些布局方法。

理 论 讲 解

◉ 完成效果

QQ 积分页面的完成效果如图 5.1 所示。

图 5.1　QQ 积分页面的完成效果

◉ 技能分析

在网页布局中，最常用的布局就是自动居中和横向多列布局。本章将通过如图 5.1 所示的 QQ 积分页面，详细地讲解这两种常用布局的实现方法。

5.1 CSS3 排版观念

参考视频
H5/CSS3 标准化布局

使用表格布局的时候，在设计的最初阶段就要确定页面的布局形式，并且布局形式一旦定下来就无法更改，因此使用表格布局的方法存在极大的缺陷。使用 CSS3 布局则完全不同，设计者首先考虑的不是如何分割网页，而是从网页内容的逻辑关系出发，区分内容的层次和重要性，然后根据逻辑关系，将网页的内容使用 <div> 标签或其他适当的 HTML 标签组织为页面结构，再考虑网页的形式如何与内容相适应。

实际上，即使是很复杂的网页，也都是由一个模块一个模块逐步搭建起来的。下面将以一些访问量较大的网站为例，进一步介绍它们都是如何布局的。

1. msn.com

图 5.2 所示为 Microsoft 公司的 msn.com 首页。msn.com 是全世界访问量较大的网站之一，内容繁多。从网页布局角度来说，该网页布局其实并不复杂，我们可以简单地划分一下网页结构，如图 5.3 所示。这个网页是一个内容宽度固定、水平居中放置的页面，顶部是一组通栏的内容，下面是页脚。

图 5.2 msn.com 首页

图 5.3 msn.com 结构示意图

这样的网页可以简单地抽象为如图 5.4 所示的页面样式。

HTML5/CSS3 标准化布局

第1章　第2章　第3章　第4章　第5章　第6章

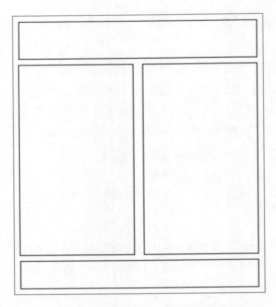

图 5.4　抽象为"1-2-1"布局的示意图

对于图 5.4 所示的页面布局，为了便于称呼，本书使用统一的命名方式，此类型的页面布局称为"1-2-1"布局，"-"表示垂直方向排列，即最上面是 1 列，它的下面分为 2 列，再下面又是 1 列。

2. yahoo.com

yahoo.com 是目前访问量排名较高的网站，它的页面非常简洁，如图 5.5 所示。它抽象出来的页面布局形式是一个典型的"1-3-1"布局，如图 5.6 所示。

图 5.5　yahoo.com 首页

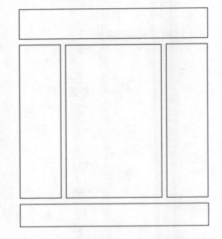

图 5.6　抽象为"1-3-1"布局的示意图

3. nytimes.com

nytimes.com 是一个新闻类的知名站点。由于信息内容类目繁多，因此它采用了"1-4-1"

的布局形式，并且各栏宽度不同，分别适用于不同类别的内容，如图 5.7 所示。

图 5.7 nytimes.com 首页

关于CSS3代码的网站SEO优化方法如下：
➢ 采取外部调用的形式实现CSS3功能，即CSS3样式代码和HTML5代码尽量分离。
➢ 尽量减少CSS3的数量和体积，防止网页的加载时间过长。

5.2　基本的 DIV+CSS3 布局

1. DIV+CSS3 布局的概念

DIV+CSS3 是 Web 设计标准，它是一种网页的布局方法。与传统的通过表格（table）布局定位的方式不同，它可以实现网页页面内容与表现形式相分离。

2. 主流的 DIV+CSS3 布局

➢ DIV：块级元素，用于组织内容，是个大容器，里面可以放图片、文字等，从而方便把网页分为几大块进行布局。

➢ CSS3：样式文件，用于描述各块内容的大小、边框等样式。

主流的 DIV+CSS3 布局如图 5.8 所示。

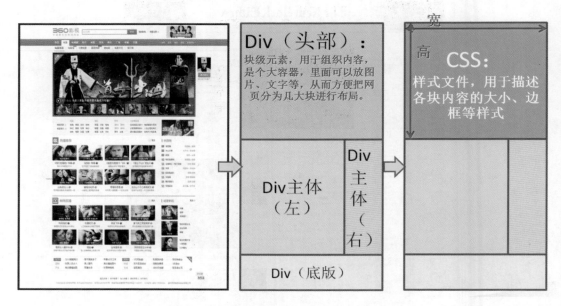

图 5.8　主流的 DIV+CSS3 布局

3. 使用 DIV+CSS3 布局的优势

（1）使用 DIV+CSS3 布局，页面代码精简。代码精简提高了百度蜘蛛的"爬行"效率，使其能在最短的时间内"爬完"整个页面，同时对收录质量有一定好处。

（2）提高访问速度、提升用户体验。加载速度得到很大的提高，用户单击页面后的等待时间就减少，用户体验的提升相应带来的就是网站受到搜索引擎的青睐，进而提高网站排名。

（3）DIV+CSS3 结构清晰，使网页很容易被搜索引擎搜索到，适合优化了的 SEO，让网页体积变得更小。

（4）缩短改版时间。只要简单地修改几个 CSS3 文件，就可以重新设计一个有成百上千页面的站点。这样可以大大节约工作时间，提高工作效率。

（5）更方便搜索引擎的搜索。用只包含结构化内容的 HTML 代替嵌套的标签，搜索引擎将更有效地搜索到网页内容，并可能给出一个较高的评价。

（6）DIV+CSS3 布局可以保持视觉的一致性。以往表格嵌套的制作方法会使页面与页面或者区域与区域之间的显示效果有偏差，而使用 DIV+CSS3 的布局方法，将所有页面或所有区域统一用 CSS3 文件控制，就避免了不同区域或不同页面体现的效果偏差。

（7）用 DIV+CSS3 布局可以实现全站统一管理，便于后期网站的维护和管理。

5.3　自动居中的布局

在初学 CSS3 布局网页时，可能遇到的一个最大问题就是如何让一个 `<div>` 标签自动居中。如果常用于表格的自动居中方式在处理 `<div>` 标签自动居中时完全失效了，那么应该如何来处理呢？下面就通过一个简单的示例来讲解。

在以下代码中，将通过 CSS3 控制，使一个固定宽度的 ID 名为 content 的 `<div>` 标签在页面中自动居中，为了能清楚地看到该 div 自动居中的效果，同时为 #content 设置高度、边框和背景颜色。具体代码如下所示。

```
……
<style type="text/css">
body {
        margin:0;
}
#content {
        width:760px;          /* 固定宽度的 div */
        margin:0 auto;        /* div 的上、下边距为 0, 左、右边距为 auto*/
        height:400px;
        background-color:#00CCFF;
        border:1px dashed #000;
    }
</style>
</head>
<body>
<div id="content"> 固定宽度的 div 自动居中 </div>
</body>
……
```

显示效果如图 5.9 所示。

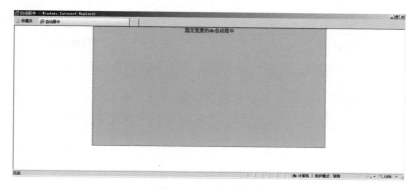

图 5.9　div 自动居中

由图 5.9 可以看到，设置了背景颜色的 #content 在网页中自动居中了。这里之所以要使用固定宽度的 <div> 标签，是为了让大家更加清楚地看到效果。

实际上，这个方法同样适用于没有设置宽度的 <div> 标签，当没有为 <div> 标签设置宽度时，作为块级元素，它会自动延伸至页面的两端，撑满页面。

设置 <div> 标签的自动居中时有一个关键点，即设置 <div> 标签的左、右外边距为 auto。这里需要注意的是，上、下外边距不是固定的，可以根据需要来设置。

使用以上方法设置页面自动居中时，如果#content同时设置了浮动方式，页面将不能自动居中。在实际应用中，为了避免出现该情况，通常会为页面设置包裹层，该包裹层不设置任何浮动方式，仅对它内部的子<div>设置浮动进行布局即可。

5.4　"1-2-1" 固定宽度布局

介绍完网页中最常用的自动居中布局方法之后，下面通过示例讲解最常用的 "1-2-1" 布局，如图 5.10 所示。在通常情况下，两个 <div> 只能垂直排列。为了使 #content 和 #side 能够水平排列，必须把它们放到另外一个 <div> 中，然后使用浮动（float 属性）使 #content 和 #side 并列，如图 5.11 所示。

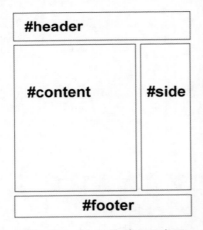

图 5.10　"1-2-1" 布局示意图

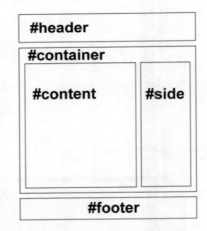

图 5.11　"1-2-1" 布局实现图

基于以上分析，下面将通过一个简单示例讲解。为了更加直观地看到布局的效果，分别为 <div> 标签设置背景颜色、内边距和外边距，准备代码如下所示。

```
……
<style type="text/css">
#header {
```

```
            margin:10px auto;

            width:760px;

            padding:10px;

            background-color:#FFFF33;

     }

     #footer {

            margin:10px auto;

            width:760px;

            padding:10px;

            background-color:#FFFF33;

     }

     #container {

            margin:10px auto;

            width:760px;

            padding:10px;

            background-color:#FFFF33;

     }

     #content {

     }

     #side {

     }

</style>

</head>

<body>

<div id="header"> 页面头部 </div>

<div id="container">

  <div id="content"> 主体内容 </div>

  <div id="side"> 右边栏 </div>

</div>

<div id="footer"> 页面底部 </div>

</body>

……
```

　　其中，**#container**、**#header** 和 **#footer** 使用了同样的样式，而 **#content** 和 **#side** 的样式暂时空着，这时显示效果如图 **5.12** 所示。

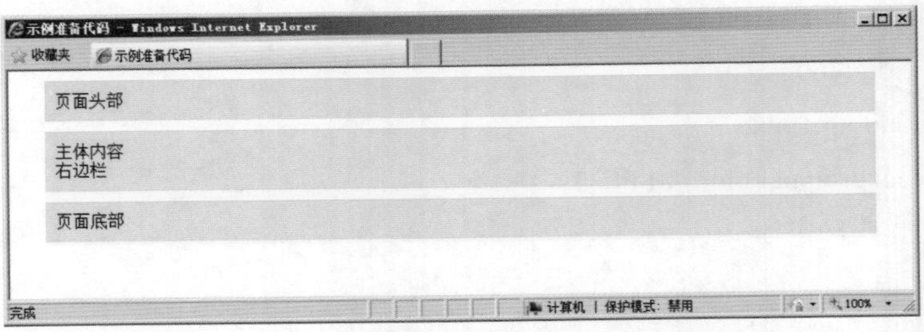

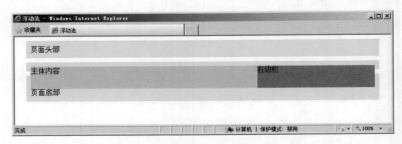

图 5.12 "1-2-1" 布局准备工作完成后的效果

可以看到，5 个 <div> 都是垂直排列的，#content 和 #side 位于 #container 之中。对于 #content 和 #side 两个 <div>，关键是如何使它们横向排列。

浮动有两个最大的特点：一是创建横向多列布局，二是定位网页元素。这里使用了浮动属性的第一个特点。

下面以准备的示例代码为例，HTML 部分的代码完全不做修改。对 CSS3 样式部分稍做修改，将 #content 和 #side 都设置为向左浮动，二者的宽度相加等于总宽度。例如，这里将它们的宽度分别设置为 500px 和 240px。为了便于观察，可以为它们分别设置不同的背景颜色和相同的高度。相关代码如下所示。

```
#content {
    float:left;
    width:500px;
    height:50px;
    background-color:#66CCFF;
}
#side {
    float:left;
    width:240px;
    height:50px;
    background-color:#FF3300
}
```

此时，页面的显示效果如图 5.13 所示。从图中可以看出 #content 和 #side 的父层 #container 高度并没有随着它们的高度自动延展，而是缩成了一条。这是为什么？

图 5.13 项目列表

此时需要对 **#container** 清除浮动。一个最便捷的方法就是使用 **overflow** 属性与 **width** 属性相结合来清除浮动影响，找到 **#container** 的 **CSS3** 代码，在其中增加 **overflow:hidden** 即可，代码如下所示。

```
#container {
        margin:10px auto;
        width:760px;
        padding:10px;
        background-color:#FFFF33;
        overflow:hidden;
}
```

此时就可以看到正确的效果了，如图 5.14 所示。

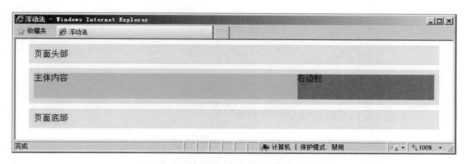

图 5.14　使用浮动法设置的布局效果

5.5　HTML5 布局的新方法

（1）HTML5 中新增了语义化的块及标签，如图 5.15 所示。

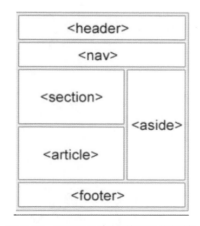

图 5.15　HTML5 中新增语义化标签

（2）HTML5 中新增了很多语义化标签，使用 HTML5 布局所得到的网页如图 5.16 所示。

图 5.16 使用 HTML5 布局所得到的网页

使用 HTML5 布局所用代码如下：

```
<!doctype html>
<html>
<head>
    <meta charset="utf-8">
    <title>HTML5 布局 </title>
    <style>
            header{width: 100%;
                    height: 10%;
                    background-color: #00FFFF;}
            section{width: 30%;
                    height: 80%;
                    background-color:#7FFFD4;
                    float:left;}
            aside{width: 70%;
                    height: 80%;
                    background-color: #8A2BE2;
                    float:left;}
            footer{width: 100%;
                    height: 10%;
                    background-color: #B7B7B7;
                    clear:both;}
    </style>
</head>
<body>
    <div>
    <header> 头部 </header>
    <section> 内容菜单 </section>
    <aside> 内容主体 </aside>
    <footer> 底部 </footer>
    </div>
</body>
</html>
```

5.6　制作 QQ 积分页面

通过学习网页的自动居中、浮动法和绝对定位法布局网页，可以轻而易举地完成各种复杂的页面布局。本节将使用网页的自动居中结合绝对定位法来实现网页布局。此外，本章着重讲解网页布局应用的主要目的是使大家具有 CSS3 排版的观念，因此在制作如图 5.1 所示的 QQ 积分页面时，仅会给出用于布局的关键性代码。

下面就通过制作如图 5.1 所示的 QQ 积分页面，对学习过的布局知识进行应用。

1.　思路分析

（1）使用 ID 选择器定义划分 HTML 文档的 <div> 标签。

（2）制作自动居中的网页。

（3）使用绝对定位法制作"1-2-1"固定宽度布局。

（4）使用无序列表制作横向导航和纵向导航。

2.　实现步骤

步骤1 全局设置

（1）新建页面。使用 Dreamweaver 新建一个页面，保存在本地工作目录下，命名为 index.html。

（2）设置网页标题。在 Dreamweaver "代码"视图的 <title> 标签中，设置网页标题为 "QQ 积分"。

（3）定义全局 CSS3 样式。创建内部样式，定义 body、a、a:hover 等通用样式，并对其进行初始化，设置它们的字体颜色、字号、字体类型、外边距等样式，以达到全局定义页面相关样式的目的。具体设置如下列代码所示。

```
body {
        text-align:center;
        margin:0;
        font:12px Arial, Helvetica, sans-serif, " 宋体 ";
        color:#4d4d4d;
        background:url(images/bg.gif) 0 0 repeat-x;
}
a {
        text-decoration:none;
}
a:hover {
        text-decoration:underline;
}
```

```
ul {
        list-style:none;
        padding:0;
        margin:0;
}
li {
        margin:6px 0;
}
```

步骤2 划分结构

（1）使用 <div> 标签划分网页结构，使用 float 属性创建横向多列布局，并使用 ID 选择器定义模块样式。网页结构划分示意图如图 5.17 所示。

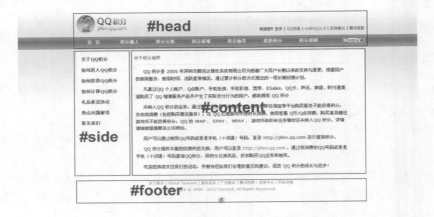

图 5.17　网页结构划分示意图

以图 5.17 所示的页面为基础，抽象出来的网页结构实现示意图如图 5.18 所示。

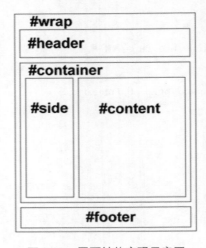

图 5.18　网页结构实现示意图

其中，**#wrap** 是整个页面的包裹层，当设置了 **<body>** 标签的文本对齐方式为居中对齐时，只需设置 **#wrap** 的左、右外边距为 **auto**，就可以使由 **#wrap** 包裹的所有 **div** 水平居中。其 CSS3 代码如下所示。

```
#wrap {
        width:910px;
        margin:0 auto;
        text-align:left;    /* 设置该 div 中的元素左对齐 */
}
#head {
        width:100%;
        overflow:hidden;
}
#container {
        width:906px;
        overflow:hidden;
        position:relative;
        border-top:1px solid #e1f3f6;
        border-right:1px solid #ecf6f8;
        border-bottom:1px solid #ecf6f8;
        border-left:1px solid #e1f3f6;
        padding:2px 1px;
}
#side {
        width:170px;
        border-right:1px solid #ebebe9;
        position:absolute;
        top:3px;
        left:2px;
}
#content {
        margin-left:173px;
}
#footer {
        width:100%;
        overflow:hidden;
}
```

（2）使用 <div> 标签划分栏目模块，并制作栏目内容。

➢ Logo。使用背景图像制作网站 Logo，并添加超链接，使之显示为按钮状。效果
如图 5.19 所示。

➢ 顶部导航。使用 .topnav 制作顶部导航模块，使用无序列表制作横向导航。效果
如图 5.20 所示。

图 5.19 按钮状超链接 Logo 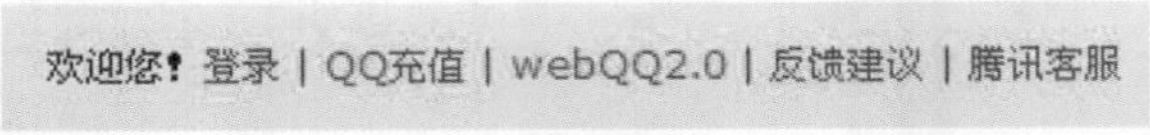   图 5.20 顶部导航

➢ 主导航。使用 .nav 制作主导航模块，使用无序列表制作横向导航。效果如图 5.21
所示。

图 5.21 主导航

➢ 纵向导航。使用 #side 制作左边栏模块，使用 .submenu 制作纵向类目导航模块，
并使用无序列表制作类目导航。效果如图 5.22 所示。

➢ 底部版权。使用 #footer 制作页面底部模块，使用无序列表制作底部横向模块。
效果如图 5.23 所示。

图 5.22 纵向导航

图 5.23 底部版权

● 步骤3 保存文件

经过以上操作，保存文件之后，按 F12 键预览网页，就可以看到如图 5.1 所示的效果了。

实 战 案 例

实战案例 1——制作 W3school 页面（1）

下面将要完成如图 5.24 所示的 W3school 页面制作，根据需要，我们将制作过程分为实战案例 1、实战案例 2 共两个阶段进行。

图 5.24　W3school 页面的完成效果

需求说明

➢ 制作如图 5.25 所示的 W3school 页面（1）。

➢ 将页面设置为自动居中布局。

➢ 使用浮动法制作"1-3-1"布局。

➢ 使用 <div> 标签划分网页结构，制作顶部（主导航以上）和底部（版权部分）。

➢ 使用 float 属性结合无序列表制作主导航，并利用盒子模型属性加以美化。

➢ 使用背景图制作 W3school 的 Logo，并添加超链接。

➢ 如图 5.25 所示，未标示出来的颜色可使用 Photoshop 吸管工具提取。

图 5.25　W3school 页面（1）的完成效果

技能要点

➢ 学会制作自动居中布局。

> 学会使用 float 属性结合无序列表制作网站导航。

实现思路

> 如何去掉无序列表的列表项中默认的列表项符号？
> 如何使用盒子模型制作主导航当前项的红色下划线？

实战案例 2——制作 W3school 页面（2）

需求描述

> 在实战案例 1 的基础上，制作如图 5.26 所示的 W3school 页面（2）。
> 使用 float 属性创建横向多列布局。
> 使用 <div> 标签制作主体内容模块。
> 使用无序列表制作主体内容列表。
> 如图 5.26 所示，未标示出来的颜色可使用 Photoshop 吸管工具提取。

图 5.26　W3school 页面（2）的完成效果

技能要点

> 学会制作自动居中布局。
> 学会使用浮动法制作"1-3-1"布局。

实现思路

使用什么属性能够使页面自动居中？

本 章 总 结

- ⋈ 介绍了 CSS3 的排版观念及应用。
- ⋈ 制作自动居中的布局。
- ⋈ 使用浮动法进行网页布局。
- ⋈ 使用绝对定位法进行网页布局。

学习笔记

本 章 作 业

选择题

1. 可以用于网页布局的属性有（　　　）。
   - A. float属性
   - B. margin属性
   - C. padding属性
   - D. position属性

2. 已知一个网页设置了body{text-align:center;}，如果要使其中的div自动居中，下列代码正确的是（　　　）。
   - A. div{margin:auto 0;}
   - B. div{margin:0 auto;}
   - C. div{padding:auto 0;}
   - D. div{padding: 0auto;}

3. 下列关于网页布局的说法错误的是（　　　）。
   - A. 可以使用浮动法和绝对定位法进行横向多列布局
   - B. 实现网页的自动居中布局，仅需将<body>标签的文本对齐属性设置为居中
   - C. 设置网页自动布局时，上、下外边距可以为任意值
   - D. 当父层未设置浮动、子层设置了浮动时，父层会缩成一条

4. 使用浮动法制作固定宽度的布局，下列说法正确的是（　　　）。
   - A. 并列排版的div宽度之和应大于其父div宽度
   - B. 并列排版的div宽度之和应小于其父div宽度
   - C. 并列排版的div宽度之和应等于其父div宽度
   - D. 并列排版的div宽度之和大于其父div时不会对布局有任何影响

简答题

1. 简述实现网页自动居中布局的关键点。
2. 制作如图5.27所示的页面。

要求：

➤ 使用<div>标签制作栏目模块。

➤ 将网页标题设置为"自动居中布局"。

➤ 制作自动居中布局。

➤ 未标示出来的颜色可使用Photoshop吸管工具提取。

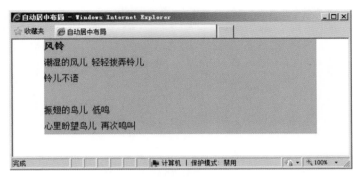

图 5.27 自动居中布局页面的完成效果

3. 制作如图5.28所示的页面。

要求：

➢ 使用\<div\>标签制作网页模块。

➢ 将网页标题设置为"浮动法布局"。

➢ 制作自动居中的布局。

➢ 使用浮动法制作"1–3–1"布局。其中页面宽度为700px，主体内容中左、右两侧模块宽度均为150px，中间内容的宽度为400px。

➢ 未标示出来的颜色可使用Photoshop吸管工具提取。

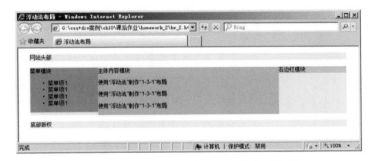

图 5.28 使用浮动法布局页面的完成效果

▶▶作业讨论区

第 **6** 章

列表、定位样式及UI设计FAQ

● 本章目标

完成本章内容的学习以后，您将：

▶ 会使用CSS3设置列表样式。

▶ 会使用position属性进行网页元素定位。

▶ 会使用z-index属性设置网页元素的堆叠顺序。

▶ 了解前端页面开发时网页设计的常见问题。

● 本章素材下载

▶ 请访问课工场UI/UE学院：kgc.cn/uiue
（教材版块）下载本章需要的案例素材。

▥ 本章简介

在浏览网页时，使用列表组织的网页内容是很常见的，如横向导航菜单、竖向菜单、新闻列表、商品分类列表等。本章将系统地介绍列表样式，并讲解盒子定位中的另一个属性——position 属性，以及设置元素堆叠顺序的 z-index 属性。通过本章的学习，读者可完成网页中更为复杂的布局和元素定位。

理 论 讲 解

6.1　商品分类页面

参考视频
列表、定位样式及 UI 设计 FAQ

◉ 完成效果

商品分类页面的完成效果如图 6.1 所示。

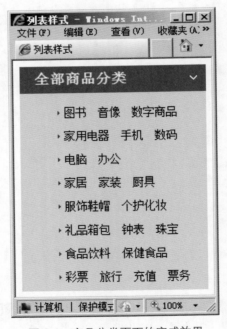

图 6.1　商品分类页面的完成效果

◉ 技能分析

通过如图 6.1 所示的商品分类页面的制作，学会使用 list-style-type、list-style-image、list-style-position、list-style 属性来进行列表样式的制作。

6.1.1　list-style-type

list-style-type 属性是设置列表项标记的类型，常用的属性值如表 6-1 所示。

表 6-1　list-style-type 常用属性值

值	说　明	语法示例	图示示例
none	无标记符号	list-style-type:none;	刷牙 洗脸
disc	实心圆，默认类型	list-style-type:disc;	● 刷牙 ● 洗脸
circle	空心圆	list-style-type:circle;	○ 刷牙 ○ 洗脸
square	实心正方形	list-style-type:square;	■ 刷牙 ■ 洗脸
decimal	数字	list-style-type:decimal;	1. 刷牙 2. 洗脸

6.1.2　list-style-image

list-style-image 属性是使用图像来替换列表项的标记，当设置了 list-style-image 后，list-style-type 属性将不起作用，页面中仅显示图像标记。但是在实际网页浏览中，为了防止个别浏览器可能不支持 list-style-image 属性，会设置一个 list-style-type 属性以防图像不可用。例如，把某图像设置为列表中的项目标记，代码如下所示。

```
li {
        list-style-image:url(image/arrow-right.gif);
        list-style-type:circle;
}
```

6.1.3　list-style-position

list-style-position 属性是设置在何处放置列表项的标记，它有两个值，即 inside 和 outside。inside 表示项目标记放置在文本以内，且环绕文本根据标记对齐；outside 是默认值，它表示标记位于文本的左侧，列表项标记放置在文本以外，且环绕文本不根据标记对齐。例如，设置项目标记在文本左侧，代码如下所示。

```
li {
        list-style-image:url(image/arrow-right.gif);
        list-style-type:circle;
        list-style-position:outside;
}
```

6.1.4 list-style

与背景属性一样，列表样式也有简写属性。list-style 简写属性表示在一个声明中设置所有列表的属性。list-style 简写按照 list-style-type → list-style-position → list-style-image 的顺序设置属性值。例如，上面的代码可简写如下：

```
li {
        list-style:circle outside url(image/arrow-right.gif);
}
```

使用 list-style 设置列表样式时，可以不设置其中某个值，未设置的属性会使用默认值。例如，"list-style:circle outside;" 默认没有图像标记。

在上网时，大家会看到浏览的网页中，用到列表时很少使用 CSS3 自带的列表标记，而是使用设计的图标，那么大家就会想到使用 list-style-image。可是 list-style-position 不能准确地定位图像标记的位置，而通常网页中图标的位置都是非常精确的。因此在实际的网页制作中，通常使用 list-style 或 list-style-type 设置项目无标记符号，然后通过背景图像的方式把设计的图标设置成列表项标记。所以在网页制作中，list-style 和 list-style-type 两个属性是大家经常用到的，而另外两个属性则不太常用，因此牢记 list-style 和 list-style-type 的用法即可。

现在用所学的 CSS3 列表属性修改示例 1，把商品分类中前面默认的列表符号去掉，并且使用背景图像设置列表前的背景小图片。由于 HTML5 代码没有变，现在仅需要修改 CSS3 代码，代码如示例 2 所示。

🌸 示例 1

```
.title {
        background-color:#C00;
        font-size:18px;
        font-weight:bold;
        color:#FFF;
        text-indent:1em;
        line-height:35px;
        background-image:url(../image/arrow-down.gif);
```

```
                    background-repeat:no-repeat;
                    background-position:205px 10px;
        }
        #nav ul li {
                    height:30px;
                    line-height:25px;
                    background-image:url(../image/arrow-right.gif);
                    background-repeat:no-repeat;
                    background-position:170px 2px;
        }
```

示例 2

```
        ......
        #nav ul li {
                    height:30px;
                    line-height:25px;
                    background:url(../image/arrow-icon.gif) 5px 7px no-repeat; /* 设置背景图标 */
                    list-style-type:none;        /* 设置无标记符号 */
                    text-indent:1em;
        }
        ......
```

在浏览器中查看的页面效果如图 6.1 所示，列表前已无默认的列表项标记符号。列表前显示了设计的小三角图标，通过代码可以精确地设置小三角的位置。

经验总结

> 圆角矩形等菜单可以通过样式实现。切片时可以直接切成矩形，再使用样式制作圆角。

6.2 北大青鸟首页

北大青鸟首页的完成效果如图 6.2 所示。

图 6.2 北大青鸟首页的完成效果

6.2.1 z-index属性

在 CSS3 中，z-index 属性用于调整定位时重叠块的上下位置，其原理和 Photoshop 中的图层很相似。与该属性的名称一样，可以想象页面为立体空间中的 X-Y 轴，垂直于页面的方向为 Z 轴，z-index 值大的页面位于值小的页面上方，如图 6.3 所示。

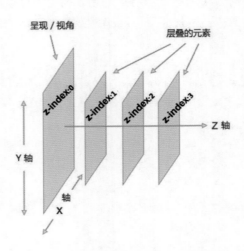

图 6.3 z-index 层叠示意图

z-index 属性的值为整数，可以是正数，也可以是负数。当块被设置了 position 属性时，

便可通过 z-index 设置各块之间的重叠高低关系。z-index 的默认值为 0,当两个块的 z-index
值一样时,将保持原有的高低覆盖关系。

下面以示例 3 来讲解,代码如下所示。

示例 3

```
……
<style type="text/css">
img {
        position:absolute;
        left:0;
        top:0;
        z-index:-1;
}
</style>
</head>
<body>
<h1>z-index 属性值为负数 </h1>
<img src="../ 案例准备 / 素材 /1280_1024_2703.jpg" width="350" height="386" />
<p> 默认的 z-index 属性值是 0。</p>
<p>z-index 属性值 -1 拥有更低的优先级 , 即它将显示在 z-index 属性值为 0 的元素之后
</p>
<p> 优先级 : 正数值 >0> 负数值 </p>
</body>
……
```

显示效果如图 6.4 所示。

图 6.4 z-index 设置为负数时的显示效果

图 6.4 所示的示例中为插入网页中的图片设置了 position 属性和 z-index 属性，由于 z-index 属性值为负数，因此图片位于文字的下面，如果将 z-index 属性值设置为正数，则代码如下所示。

```
img {
    position:absolute;
    left:0;
    top:0;
    z-index:1;
}
```

显示效果如图 6.5 所示。

图 6.5　z-index 设置为正数时的显示效果

对比图 6.4 和图 6.5 可以看出，当 z-index 属性值设置为正数时，图片浮在了文字上面。由此可以知道，盒子模型中的元素都含有两个堆叠层级，一个是它未设置 z-index 属性值时所处的环境，这时的层级总是 0，即 z-index:0，如同页面中的标题和段落；另一个是它所处的堆叠环境，这个环境所处的位置由 z-index 属性来指定，如同页面中的图片。当 z-index 设置为负数时，它就位于文字之后；为正数时，它就浮在了文字之上。

注意　　　z-index属性仅能在设置了绝对定位的元素上起作用，即其所处的层级必须设置了position属性的相对定位、绝对定位等。

6.2.2　制作北大青鸟网站下拉列表导航菜单页面

请访问课工场 UI/UE 学院 kgc.cn/uiue 获取本章素材，根据提供的网页素材制作如图 6.6 所示的北大青鸟网站下拉列表导航菜单，要求如下：

（1）根据素材制作网页，在此基础上添加或修改 CSS3 样式，实现下拉列表导航菜单。

（2）当鼠标放到一级菜单上时，显示对应的二级菜单；当鼠标离开一级菜单或对应的二级菜单时，下拉列表消失。

（3）使用相对定位与绝对定位相结合的方法实现下拉菜单，使二级菜单紧贴对应的一级菜单下方，并且二级菜单与对应一级菜单的背景图片左侧对齐。

图 6.6　下拉列表导航菜单页面的完成效果

实现思路及关键代码如下：

（1）设置页面中导航菜单所在的 **\<dl\>** 为相对定位，关键代码如下所示。

```
.menu dl {
        position:relative;
}
```

（2）在初始状态下设置二级菜单所在的 **\<dd\>** 不显示，并且使用 **position** 属性结合 **z-index** 属性设置二级菜单所在的位置，关键代码如下所示。

```
.menu dd {
        display:none;
        position:absolute;
```

```
            z-index:1;
            left:10px;
            top:36px;
    }
```

（3）最后设置当鼠标移至一级导航菜单上时显示对应的二级菜单，此步骤也是最关键的一步。这里使用超链接的伪类实现，当鼠标移至 **<dl>** 上时二级菜单所在的 **<dd>** 显示出来，关键代码如下所示。

```
.menu dl:hover dd {
        display:block;
    }
```

▶▶ 经验总结

> 对于网页中层叠的内容，如悬浮广告、弹出广告、销售排行榜等动态内容，设计时需要考虑用不同图层，切片时也要切为两张图片，不能合并图层。

实 战 案 例

实战案例 1——制作家用电器商品分类页面

📖 需求说明

制作如图 6.7 所示的家用电器分类页面，要求如下：

（1）标题字体大小为 18px、白色、加粗显示，行距为 35px，背景为蓝色（#0F7CBF），向内缩进 1 个字符。

（2）电器分类字体大小为 14px、加粗显示，行距为 30px，背景为浅蓝色（#E4F1FA），电器分类的超链接字体颜色为蓝色（#0F7CBF）、无下划线，当鼠标悬浮于超链接上时出现下划线。

（3）分类内容字体大小为 12px，行距为 20px，超链接字体颜色为灰色（#666666）、无下划线，当鼠标悬浮于超链接上时字体颜色为棕红色（#F60），并且显示下划线。

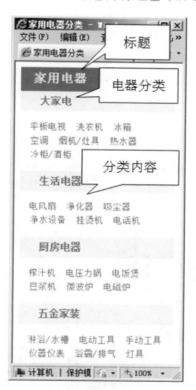

图 6.7　家用电器分类页面的完成效果

注意

使用后代选择器设置不同的超链接样式。例如，电器分类放在类名为 secondTitle的<div>中，那么电器分类的超链接样式对应的代码如下所示。

```
.secondTitle a {
    color:#0F7CBF;
text-decoration:none;
}
.secondTitle a:hover {
text-decoration:underline;
}
```

内容缩进使用text-indent属性或使用空格符号。

实战案例 2——制作经济半小时专题报道页面

训练要点

➤ 使用 **float** 定位网页元素。

➤ 使用 **background** 设置页面背景。

➤ 使用 **border** 设置边框样式。

➤ 使用 **position** 定位网页元素。

➤ 使用定义列表布局页面内容。

需求说明

制作如图 **6.8** 所示的经济半小时专题报道页面，要求如下：

图 6.8　经济半小时专题报道页面的完成效果

（1）页面内容在浏览器居中显示。

（2）页面中主持人图片和右侧文本内容使用定义列表布局，同样，下面两个学员和右侧对应的文本也使用定义列表布局，文本中出现的学员名称使用红色加粗的字体显示。

（3）两个学员照片和文本所在的区域背景颜色为白色，边框颜色为灰色。

（4）使用 position 属性设置第二个学员内容介绍部分的位置。

（5）为页面中按钮增加超链接，且按钮图片无边框。

实现思路及关键代码

（1）使用定义列表排版各部分的图文混排，将图片放在 <dt> 标签中，文本放在 <dd> 标签中，代码如下所示。

```
<dl>
    <dt><img src="image/adver-03.jpg" alt=" 学员照片 " /></dt>
    <dd>
        <p><span> 王洪贤 </span>,北大青鸟……</p>
    </dd>
</dl>
```

（2）使用浮动属性设置 <dt> 为左浮动且指定宽度。

（3）使用 position 设置第二个学员内容介绍部分的定位。例如，第二个学员的内容介绍所在的 <div> 类样式为 stu02，它的上一级 <div> 的 id 为 cctv，设置 cctv 为相对定位、stu02 为绝对定位，这样就实现了图 6.8 的效果。关键代码如下所示。

```
#cctv {
        ……
        position:relative;
}
#cctv .stu02 {
        position:absolute;
        right:30px;
        bottom:10px;
        width:440px;
}
```

实战案例 3——制作带按钮的图片横幅广告页面

训练要点

➤ 使用 background-color 设置背景颜色。

> ➤ 使用 border 设置边框样式。
> ➤ 使用 position 定位网页元素。
> ➤ 使用无序列表布局页面内容。

需求说明

制作如图 6.9 所示的带按钮的图片横幅广告页面,要求如下。

(1)使用 background-color 设置数字按钮背景颜色为白色。

(2)使用 border 设置数字按钮边框样式为 1px 的灰色实线。

(3)数字按钮显示在图片的右下方。

(4)使用无序列表排版数字按钮。

图 6.9　带按钮的图片横幅广告页面的完成效果

实现思路及关键代码

(1)使用 <div> 整体布局页面,使用无序列表排版数字按钮,关键代码如下所示。

```
<div id="adverImg"><img src="image/adver-01.jpg" alt=" 夏日商品促销 " />
<div id="number">
  <ul>
    <li>1</li>
    ……
  </ul>
</div>
</div>
```

(2)使用 position 设置数字按钮显示在图片的右下方,关键代码如下所示。

```
#adverImg {
        width:430px;
        height:130px;
        position:relative;
```

```
        }
#number {
        position:absolute;
        right:5px;
        bottom:2px;
    }
```

（3）使用后代选择器整体设置 <li> 的背景颜色、边框样式、数字边框之间的距离，关键代码如下所示。

```
#number li {
        float:left;
        margin-right:5px;
        width:20px;
        height:20px;
        border:1px #666 solid;
        text-align:center;
        line-height:20px;
        font-size:12px;
        list-style-type:none;
        background-color:#FFF;
    }
```

实战案例 4——制作当当图书榜页面

需求说明

制作如图 6.10 所示的当当图书榜页面，要求如下：

（1）页面右上角"3 折疯抢"图片使用定位方式实现。

（2）设置页面导航菜单字体颜色为白色，鼠标移至菜单上时出现下划线。

（3）设置页面中的英文字体为 Verdana，中文字体为宋体，字体大小为 12px。

（4）"图书畅销榜"图片使用 position 定位方式实现，并且图书列表中的"1""2""3"数字图片也使用 position 定位方式实现。

（5）图书列表中的图片与文本混排使用定义列表方式排版。

图 6.10　当当图书榜页面的完成效果

本 章 总 结

- 介绍了使用 CSS3 设置列表样式的方法。
- 介绍了用 position 属性进行网页元素定位的方法。
- 介绍了使用 z-index 属性设置网页元素的堆叠顺序的方法。
- 总结了前端页面开发时网页设计常见问题。

学习笔记

本 章 作 业

选择题

1. 下列选项中，不是position属性的可能值的是（　　）。

A. top　　　　　　　B. fixed　　　　　　C. static　　　　　　D. relative

2. 在CSS3中，可以设置元素相对定位的是（　　）。

A. position:fixed;　　　　　　　　B. position:absolute;

C. position:relative;　　　　　　D. position:static;

3. 在CSS3中，关于z-index属性的说法错误的是（　　）。

A. 盒子模型中的元素都含有两个堆叠层级

B. z-index属性的取值优先级为正数值>0>负数值

C. 当z-index属性的取值为负数时，所在层级的元素浮在页面之上

D. z-index属性仅能在定位元素上起作用

4. 在CSS3中，position属性的默认值是（　　）。

A. fixed　　　　　　　　　　　　B. absolute

C. static　　　　　　　　　　　　D. relative

5. 已知在网页中插入一张图片，需要将文字显示在图片之上，则下列语句正确的是（　　）。

A. img{position:absolute; z-index:-1;}

B. img{position:abs　olute; top:0; left:0; z-index:-1;}

C. img{position:absolute; z-index:1;}

D. img{position:absolute; top:0; left:0; z-index:1;}

简答题

1. position属性有哪些可能值？它们在定位元素时分别有什么特点？

2. 绘制z-index层叠示意图，并说明当z-index属性的取值为正数、0和负数时分别代表的含义。

3.制作如图6.11所示的淘宝女装分类页面。

要求：

➤ 使用<div>和标题等HTML标签编辑页面。

➤ 女装各分类名称前的图片使用背景图片的方式实现，设置标题字体大小为18px，加粗显示。

➢ 设置分类内容字体大小为12px，超链接文本字体颜色为黑色、无下划线，当鼠标移至超链接文本上时字体颜色为橙色（#F60），并且显示下划线。

➢ 使用外部样式表创建页面样式。

➢ 页面中其他的效果样式参见课工场UI/UE学院kgc.cn/uiue提供的作业素材中的页面效果图。

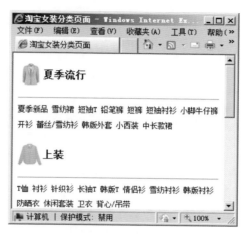

图 6.11　女装分类页面的完成效果

4. 制作如图6.12所示的页面。

要求：

➢ 使用<div>标签制作导航模块。

➢ 将网页标题设置为"仿淘宝导航"。

➢ 使用float属性和无序列表制作横向导航。

➢ 使用position属性定位元素——"淘宝商城"。

➢ 使用盒子模型属性美化网页元素。

➢ 如图6.12所示，未标示出来的颜色可使用Photoshop吸管工具提取。

图 6.12　仿淘宝导航页面的完成效果

5. 制作如图6.13所示的页面。

要求：

➢ 使用<div>标签制作广告模块。

➢ 使用float属性和无序列表制作数字切换按钮，并使用position属性定位。

列表、定位样式及 UI 设计 FAQ

图 6.13　学士后广告页面的完成效果

▶▶ 作业讨论区

访问课工场 UI/UE 学院：kgc.cn/uiue（教材版块），欢迎在这里提交作业或提出问题，你将有机会跟课工场的专家以及共同学习本书的小伙伴一起探讨切磋！